This is a kind reminder that you can go to a print shop and ask them for a spiral in this book. So you can handle it a little bit better.

How to Play Sudoku

In Sudoku, you must complete the grid. So, each row, column, and 3 by 3 box (in bold borders) contains every digit 1 through 9.

No row, column, or 3×3 box can feature the same number twice.

That means each row, column, and 3×3 square in a Sudoku puzzle must contain ONLY one 1, one 2, one 3, one 4, one 5, one 6, one 7, one 8, and one 9.

slot ⟹ 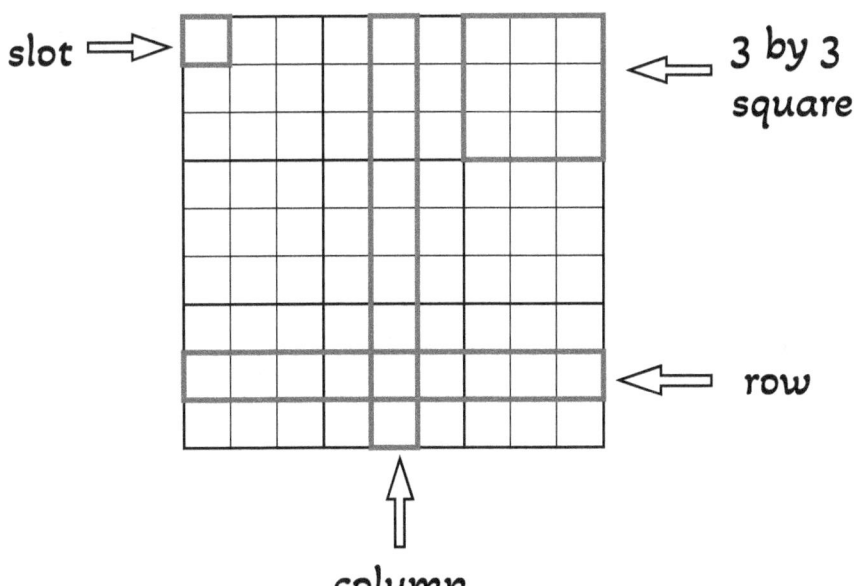 ⟸ 3 by 3 square

⟸ row

↑ column

Sudoku 1

7			2					6
9		6		8	4			1
							7	9
					8	1		
3		7		1	5	6		
	5			2			4	
	8					7	9	
4	7			3				5
5	2		6		7			8

Sudoku 2

5	1		3					9
4						8	3	
	7	8	5	6	9			2
	6			9				
					6	1	8	7
				8	1			
1	4							
				2		3	6	
6			8	1		7	5	

Sudoku 3

						7		8
						1	9	
1			9	5	3	4		
8	9			3				
			2	1		9	8	7
5			8			6	3	2
3					1			9
9		6		4	8	2	7	1
		8				3	4	

Sudoku 4

	2		3		5	7		6
8	6		4	7			1	
		5			1		3	
	9						4	8
	3					6		1
	4	6			7	3		
		9		6	3		2	5
6					2			
	1	2	9				6	

Sudoku 5

				2		5		
		4				8		
		6					2	
9			8			7		
2		7	3	1	4		6	
	6			5				2
	8		7		3		1	5
6					1	4		3
	7	1				2		

Sudoku 6

3		6	1			2		4
			4	5			3	
			7				6	
4			5			8		
			3	1	4			6
1			9			7		
8					1			
	4	7		2	9	5		
2	1	3	5		7			8

Sudoku 7

9						4		
7				4	1		6	
	3		5	6	9			
6	7	1		3			8	2
					5	6		
		8	2				4	
4		9	1	7		8	3	
		7		9		2		
2		3			8		7	

Sudoku 8

		1		3	9			
			4				8	
3	7		6	5				
9	3	2						
	4	8			2			
7	1					2		9
4		3		2	1			7
2		7		8				
			5		4	3		8

Sudoku 9

			6	4	8			
8	5		3					4
1	4		9		7		3	
			7		3		6	5
		7	5			1		
6					2			
3	6		4				8	9
4		1		3		2		
5			2		6			

Sudoku 10

7			5		3			4
4	1	5	7			2	3	9
3		8	2				6	5
6				2			9	
	7		3			4		
					5			6
	5			8	2		7	
						6		
	6	3			7	8		

Sudoku 11

			1		6		5	
6	7	3		2				9
			4	7				2
3		5	6				2	
7					1	5	9	
							4	8
		2		1	8		3	5
5	6				9	2	8	1

Sudoku 12

4		6	5		1	9		
			3		7			
3		2	6					
				3	4		8	
	2	8		1			5	4
		4				2		1
				9			4	2
		5		7			9	6
	4		1	6	2	7		

Sudoku 13

4		6	8	3	2	5		
		2	4					
8	5		9				6	
9		8						5
		1		4	9	3		
2	7				8		9	1
		5	2	8			3	
			1			4		8
			5	9				

Sudoku 14

6		2	5	1	9			
							1	
7		1			2	4		
5	2			7				4
			9			7	5	8
		8	4	6			9	
	9		2		4	8	7	
	3	7			6	1	4	

Sudoku 15

		3	6	5	7			4
		7	2		8	9		5
				1				8
			7		6		5	
		2	1				6	
	9		3			4		
	4						9	
6	3		8	7			4	
5				6	2		1	

Sudoku 16

	6	4		7		1		5
	2			1		4	8	3
		5				2		
			1	4	9	3		
2							5	
6				2		7		
1			9	6	4	5		
		7	2			3		1
		6		8	1			

Sudoku 17

			9					
4		6	7		8	1		
7	3	5				9	8	6
5				7	9			8
		4	2	1		6		
		9		8	3	7		
			6			8		1
2								5
			5		1		9	

Sudoku 18

		2		5		1		7
5		1	9					8
			1		6			
	6	4	3			8		5
8		3	7	9			4	
		5	8			7		
	8	6				3		1
				7	3	6		
		4	7					9

Sudoku 19

4							9	1
	3				6	5		2
	1			8	9		3	
5		8	1		3	2		
1			6				5	
2				5			1	8
	5		8				2	9
		7		3	2			
		1			7		6	

Sudoku 20

2			8	7	9			
4				3		6		
	5			6	4			
5	9	7			2			
		4	1		3		5	7
				4		8		
			3	2		5		4
						7		6
9	7				6	1		8

Sudoku 21

6	3	2			9	7		
		1			7		8	5
		5		1				
	7			3		8	6	
	9		6					1
2	5			4		9	3	
3			2	9	4	5		6
			8				9	
5	2							

Sudoku 22

	5	2				8	4	
	8				2	7		9
3	7	9			4			
7			3				6	1
				6		5		
8			7			3		4
9			8	7			5	6
	3						8	
	1	8	2			4		

Sudoku 23

		6					9	4
			2		9	7	3	6
9	3	4			6			8
6				1	8	3		
	5	3	4					
4		8	5				1	
			8			2	7	
	4			3			5	1
		2						3

Sudoku 24

3			4	2	1	6		7
	2		4		6		1	
		6			5		9	4
			8	6		3	4	
			9	4	7			
				2		8		
1		2		3			6	
	7	9			2			
		8						1

Sudoku 25

9	4		8			2		
8		5		4		9		7
	1			7			8	5
	5	3	4		1			
7				2	9		6	1
					5		4	
		8	2	1				
6	9	1				7		
4					7			

Sudoku 26

5		4		1	9		2	
			5		8	1		
8	6		3					7
	8				6	3		9
6	4					5	7	
3		9		5			4	
		8					9	
	9		7			4		2
				9	4		8	5

Sudoku 27

		5	8				6	
		4	3			2		7
8					2	5		
	4				7			
	2	6		9			7	
5			1				3	
		3	5		8	6	4	1
		1	7			3		8
			6	3	1			

Sudoku 28

				9			1	6
	4		1		6	2		
	7				2	9		5
	8	2	6					1
6	1		8				9	
	9	4						3
3			4	2	8			
						6		9
8	5				1	3		

Sudoku 29

				6				5
			8		4		6	
4					3	1	8	7
	2	7			5		4	
		5		8	7		9	2
		6	3				5	8
		4	5					
			4			5	3	6
7		8						

Sudoku 30

		3						8
9					6	3	5	2
	5	8		9				
		7	5	2		6		
	1			4				
5			6		1		8	7
8			9		5		1	
4		5		1	2		3	
				6			2	5

Sudoku 31

8					5		1	6
								8
	5	3				7		
7		8	5				6	
5	9				7			
		6	9	8	1			
2			6		9			
	1					3	7	9
4			7		3	6		5

Sudoku 32

		2			9		1	6
	3							9
5	9		1		3	2		
		9	5		8	7		
2		6			4			
							2	3
4	6		9			1		2
1		7			2			
		3		7		6		

Sudoku 33

9			6		7			2
				8				4
		8		2		9	6	3
			7	5	2			9
1		5			9	6	8	
3			1					
		7						8
4	6				5	2		
8			3			5	9	

Sudoku 34

				4			3	9
1	9	8					6	
		3	7		6		5	1
	6	5			2			
9					7	1		
			8				9	
			4		9	3		5
2				3	1			
7				8		6	1	

Sudoku 35

7	8		6			9	3	
		1						7
2				9	1	8	6	
6	1		2					4
			8					
	9			3		6	1	
1				7			2	6
4		3	6				8	
	7	6			4	5		

Sudoku 36

		7	5	6				
			2					
	6			4		5	2	
		3	9	1			4	7
1		8		7			5	
7		4						2
						4	7	
8	7				9	2		3
3	4				7			5

Sudoku 37

	1				8			
		4	3	6		9		
6	2	9		7	4		8	5
		8						
			4					1
2	6			3				
4	7				3		9	
1		6			5		2	
	9	3	6				4	

Sudoku 38

		4		3	6	8		5
	9					7	6	
5	7		8		1	4	3	
	4		2		5			
	8			6	3			9
7		3	1					
	3	5					4	
				5	2			3
	6		3	4	8			

Sudoku 39

		1	9		7		4	8
	6		5	3				9
2						6	3	
		6		5	9			
					3		6	
4		3		8			9	
			8				2	
3		7	1				5	6
	2			9		4	1	

Sudoku 40

8	9			7		1	5	3
2	3						6	
5								8
	4							
			9		8	7		
		3			2			4
	1	7	6	2				
			8	5			7	
9		8	7	3				6

Sudoku 41

		1	4					
	4		9	7	5	6		8
		7			6	2		
				5	7	8	3	
			2				6	7
9								1
	5		8	6		1	7	
	1		5		9			
	6	2	7				4	

Sudoku 42

6	8	5				1		3
						7		8
	2					4	6	
			4	3		2	5	
	6	1		7				9
3	4		9				1	
2		3			6	5		1
			5	9	7			
	5			1	2	9	8	

Sudoku 43

						1	9	
		1	4		9			
	9			1	3	6		2
7			5	9	6	8		
4	1		8			7		
						2	3	
					8		5	
9	8	2			4	3		
	6					9	2	

Sudoku 44

	8			2				4
	2				9	7		
5	6	3					2	8
	3	4			8	5		7
6		2		5		1	8	
		5		1			3	2
		7		6				
2		8	9		7			5
9					1		7	

Sudoku 45

9	7			3	1	8		
	5		7	2	6	3		1
	6			4				
	8				7	6		3
4				6	2		1	
5						2		8
	9		2	7	3	4	8	
							3	
					5	9		

Sudoku 46

6	3			4		5		
		9			7		8	
	4	7		5			2	3
4				7	2			8
	1		8		3			
	7	8			1		6	
	2		9			8		
		4						7
	9	6				2		5

Sudoku 47

				1	8		6	7
8	2				7		3	5
							4	
		2		4	9	6		8
6	5						1	4
	4			3		9		
		4	9	6			8	
	8	1	5	7				
		3			4		9	

Sudoku 48

1		2	4		6		9	
	6							7
3				7		6	8	1
					5	3	4	2
		4				7		5
		7		4	1	8		
	8	5			9			4
4			8	3				
			2					

Sudoku 49

				9	1			
		1				6	3	2
	7	3		6		5		
2				1	4	7	9	
			7	5	8	2		1
	7		2		9		8	5
		8	1				4	
3				8				7
	1		4					

Sudoku 50

		2	1			4		
3		4	8	7	5		6	1
			4			7		
								7
2		5		3	6		1	
		7		8				2
		8			7	1	9	3
	3	1		4			2	6
6		9		5				

Sudoku 51

4					9	8		
	9							1
	3			7				
8		9	1	6	7	2	3	
				4		9		
	7	3	9	5				
3	1				8			6
6	5	7	3					
9						7		3

Sudoku 52

	3		6				8	
			5	4	3			1
4	2	5						9
		6	4		9	8	5	2
		9	8		3		6	
2	7							
			8		2			
			9	2				
8			6		5	7	1	

Sudoku 53

	9	3		5		2		
	8				2	1		7
7		1		6				
		2	5				7	
	4	6		8	1		3	
	5	7		4		8		9
	7					6	9	
4			8			3		
		8		1				

Sudoku 54

5	6			3				
			6			2	8	
9			2		5			1
3	2	9			1			
6	4		5	7	3	9		
					9	6		
7		6			2	4	3	
		1					7	
	3				6			

Sudoku 55

1	8					9		4
	6				4	2		
9		3						
5		6			8	3		2
			3		9	4		8
8	2			5		1	3	6
	5			4	1			
	7		8	3	2	5		

Sudoku 56

				6				
9		1			5			8
	5		3		7	9		1
7	2		8		4	1		3
1		9	7		3	4		
				9				2
	1				2	6	8	
8			4	7				
		5	6	1			4	

Sudoku 57

2	8				3		9	
			9	8	6		3	
	5						8	4
		1	7	6		9		
	2	9				1	6	
3					2			
4					7		1	
					5		7	
	7	8		3			5	2

Sudoku 58

			4		3		6	
6				5		1		3
3		9					7	5
						3		
1	9	7		8		2		
		5					9	
			3	5		4	6	
	4	2					3	
5		3			9	8		2

Sudoku 59

4			2	9			3	8
					5			7
3			8					
6	8			7		4		
5			3				9	
		9	1	8		5		6
	4		9	1			5	
	5			6				9
9		8					1	

Sudoku 60

						2		8
2				5			7	
		5	9	1		6		
4				2	7	3	8	1
				9	3			6
	9	7	8			4	6	2
6			2	7	1	9		5
	2			4		8		

Sudoku 61

	7				9			
3	8			7				2
2		9		6				4
8		3	2			9	6	1
	2	1	8				5	
5							3	
	1	2			5			
	3	5	4	8				
9					2			5

Sudoku 62

		5	7		4		3	
7	3					2		
6	1		3	9		5		4
2	8	6			1		4	
		1	5					8
					7	1	2	
					3			
8			1				5	3
1			2				6	

Sudoku 63

						5		1
8		5	4					3
	1	2		3			4	
1	9	6		8	4			
	3	4		2	5		6	
		8	1			4		
2					6		9	
		3		7				
4	7					2		

Sudoku 64

4		9				8		
	6		4		1			3
1	5	2				9		7
	7	6	1		3		9	2
			7			5		8
9		5						
			3	8		1		5
3			9	1			8	4
					6	7		

Sudoku 65

	5							
				1	2		3	
	7		5	4		6		
9	4	5			3	1	2	
	6	3				4	9	5
8		1		5				
6		4				8		
			2		4			
2	1		6			7		3

Sudoku 66

	2	5	9	4				6
4	1				8	5		
	7			3	5			
2			3				6	4
				7				
		4					2	
	6		5		4	1		
9		1	7			4	5	2
	4		2	8			9	

Sudoku 67

					5			3
4		5		2				9
	3		8				6	
6	2			3				
3		7	5			1		
	9	4	6		1		2	
		6						1
2	7			9	4		8	
				5	6	9	3	

Sudoku 68

4			3				7	
	2					5		4
5	3			4				
2			1		7			8
		3		5		1	4	
							6	
		5	6			7	8	
	9	2		7	8			6
8	6		4		2	9	5	

Sudoku 69

6		5		4	8		3	
			5				4	
	7	4	3				8	
3		6			2			
4		7		8				
	8		7			2		
2	1	3		9	7			
			1				9	3
	6					4	2	

Sudoku 70

			8	7	5			6
		8			1		5	
	6	5						
5				2			1	
4		1				3	6	
6	7		4	1	9		8	
	9		2		8			4
		7	1			6		
	4			6		5		8

Sudoku 71

	3	6	9	7			5	
		9		1	3			
2						9		
3	6	1			5	2		
			1		8	7		
7	4			3			1	
		2	6			3	9	
		8			1	5		6
				9		1		

Sudoku 72

				9		3		
	2		5				6	
7		1	6		2		5	
	5	9						3
3	8			6	9			7
		7					1	
		3	2			1		
		5	4			7	2	
2	1	6			5	8		4

Sudoku 73

	5	4			7	8		3
			9	2				5
1	9	7			5			
			3	1				
5			6		9	3		
	1					6		
	6	5		8		9		
3		8			6	4		
		1	5		3			

Sudoku 74

	2	6		7	4		9	8
5		8		9			1	
7				6	1		4	5
	7	2		3			8	
	8		4	1	5			6
3		5				9		
	6						5	
	9		7	5				

Sudoku 75

3			7					8
		7		8				
	9	2					3	
					5		6	3
	3				9	8		
	7							2
	5	4				3	2	
2				4	6	7	5	
		3	1	5		4	8	

Sudoku 76

		3				6		2
				3			4	
	8		6		9		3	
	3			2		9	1	
	9							8
1				8	5			4
8		4	2			7		
3	7	9	1	5		2		6
	1		8				9	3

Sudoku 77

		1	6	3		8		
	5				8			3
	3			2	4	1	5	
							6	1
		2	4			7	9	
7	1			6	9	2		
5			3	8		4		
1	9	4				3		
					2	5	1	

Sudoku 78

	8	3	1			4		
					2		3	
				7	3			1
8		5	2				6	
9			3	6			1	
		4			1			9
1		6						5
4	3		5	1			8	
			2	4	1	7		

Sudoku 79

			9		3		8	
	6			5				3
			7			1	5	
		3			5	2		1
	4	5	2	1			6	
1	2				8			
2			8		9		3	7
	7		4				1	5
		9		7			2	6

Sudoku 80

	6	8			1		4	
7	9	1		2		6		
					9	2		
	3							6
	5			3		4	1	
9		6		4	2	3		5
5	2	4	8		7		6	
								7
			1		3	8		

Sudoku 81

	2		3	9		6		1
		8		5				9
4	6	9		8				3
					5			
	4	2			9	7	5	
7	5							2
	1			7				
						8	6	7
		3	5	6	2		1	

Sudoku 82

	9					4		6
				1		7		
	4	7	6		5	9		
9			5		3			
		5	1	9				
		2			7		6	
	3		4				2	5
1		6	2			3	7	4
				3	1		9	

Sudoku 83

6	5		3		7			4
						7	2	
2		3	9					5
5		7			6			
							9	8
		9	2	5		6	3	
				6	8	4		
4								9
	8	1	4			2		

Sudoku 84

1				7	8		2	
						8	9	7
		9	6				3	
6					9	3		
		2			6			1
7	5			3	1	4		9
				5	3	2	7	
	2							3
3			4			9		5

Sudoku 85

	4				6			
	1		3				2	
7		6	4	1	9		5	
	9			7		3		2
6			2	8		5		
			1				4	
2	6					4	7	8
5					2		3	9
	7	3			8			

Sudoku 86

				4				1
		9		2		3		
1	6		8			9	4	
8			3		7		1	5
	5			8	9			4
	3			1		6		
		6		3	2			
	4			5	8			
2	8		6					

Sudoku 87

	4				5	9		
5	6					2		
	1			7		3	5	
		1	4	2			8	
6	8	7	5		9	4		
	5			3			9	
4		5		6	1	8	3	
					3			1
		8				5		

Sudoku 88

4						9		1
		3					5	6
	2			7		8		3
3					6	5		2
		6	2		8		1	7
			7	4				
	1	2			3			4
8	3		6		7	1		
9						7	3	

Sudoku 89

	1		2		3	4		
	4		8			6		9
				6				
8					2	9	3	5
7		5		4	8			
			6	3				
	2	1			6	5	7	4
	5	6		2	9	3		
		7			1			

Sudoku 90

			2			5		
	7	6					1	
5			6		8		9	2
				9				8
			8	7			3	
	1			3				7
8		1		2	4	6		
7		3		8		4		9
	2		7		9			1

Sudoku 91

	3	6					8	2
	2			3	5			9
8						3		
5				4			7	
3						9	1	
2	8	9		7		4	3	
			2	5				
9		3	7		8		2	
6	1				4			7

Sudoku 92

		9		3				1
					9	8		
	3		1	4		9		7
7						2		
	8					3	7	5
2		3	6	8			4	
	4		8	5				
3	2	6	4				5	8
5	1				3			

Sudoku 93

9		5		4	6	8		
								6
6				8		7		
		3	4		9		1	
	1	4	8	7				
2		8		3			7	4
3	2		1				6	
8	5		7		4		3	
				2			8	

Sudoku 94

		8	2		3	7		6
	2		1					
7					8	1	5	
2	3		6				4	
				1				
6			3	9			2	1
4	6		9			5	8	
		2		4	7			9
							7	4

Sudoku 95

3			8				9	
		7			9	6	3	
5		8		3				
7						1		
2		9	1					
8			6	4	2		5	
	2		9		1		7	4
1								6
	7	4			8			5

Sudoku 96

			2	6				
4	6		1		3	2		
2	1	8		9		4		
9	2				5		1	6
3			6		8		2	
						5	3	
8		9			1			
			3					5
	7	6	8			3		

Sudoku 97

4								
		2			9			
	7		8	3				5
		8	6	4		7	2	
					1	4	5	
9	6			7			8	
	9		3				6	4
		3	5		6	1		
	8		7			2	9	

Sudoku 98

	1			4			6	3
6		2						5
		4		6	7		2	
1		5			9	6		
2			8				1	
	6	7	1		4	2	5	
	9			2	1	5		
4				9	3			
7			6					

Sudoku 99

		1			9	4		
			2	7				
	7					2		6
		5						1
	3		6	4	1	8		
4				5		9		
5				9		1		2
8		6	5	1		7	3	
	2		4		8			

Sudoku 100

		9	6		5			8
			7		4		2	
2	8	7				4	6	
			9			7	5	3
7			2		3			
		8				2		4
	1				2	6		
	3		4	7				
		5	1		9			

Sudoku 101

	5				6		1	
		3	9		4			
	6	4		3				9
	1	9			3	2	6	
5			2				7	3
			6			9		1
		5		9	8		4	6
				7			3	5
4		1	3			8		2

Sudoku 102

		5		9			6	7
6	9	8						
			5	6	8	3		1
	7	2						9
	8			7		1	2	
1				4			8	
	6	1				4		2
5			3					
8								6

Sudoku 103

			6					5
		6			1			7
9	3	7	5	4				6
		9	2		5	4		8
								2
	8		7		4		1	9
7		2		1			9	3
	1			9				
		3			2		8	

Sudoku 104

7	8							
	3	9			6			
		4	7				1	3
	1				3		7	
4			9			3		
	5		6	4		2		
2	4				8		6	
8	6			7	9	4	2	5
					2	8	3	

Sudoku 105

		8					9	
		6	2			4		1
	4		1	9			3	
	2	5			7		4	
6	8	1	3	5				
						3		5
	9	3	6		8	2		4
5				7				
8				3				9

Sudoku 106

5				7			6	
2		3		9	6	5	8	7
	6		2				4	
	7					8	3	
3			9				2	
6		2		3				4
	1			4		6		
			8					2
	2		6			9	1	3

Sudoku 107

8			7		3		5
		6		8	4		
7		9			8		
1		6				4	
9	5		2		7	3	
4						1	9
	9		8	3	5		
3	1			2	9		7
		7	1			5	

Sudoku 108

6			5				7
4				8		1	9
	9	2	7			6	
9		5					
1	4			7			3
	3		6		4		
	7		8		3	1	
			9	4	7	5	
3		4	1	5	9		

Sudoku 109

		8	6		2			
	6		5	9		8	4	
	9	2	8			1		3
	2	5	3	1				4
				7		3		
3							8	
			1	2	6			
8	3	6		5	9			
		7		8		5		

Sudoku 110

4								
		2			9			
	7		8	3				5
		8	6	4		7	2	
					1	4	5	
9	6			7			8	
	9		3				6	4
		3	5		6	1		
	8		7			2	9	

Sudoku 111

		8			2		7	4
	6					9		2
					8	3		
		6		1	9	2		
7						1		
	1			7	5			
		4	9	2				
6	2		8		1		4	9
		1	6		3	8		5

Sudoku 112

		9		6		7		1
4	5					9		3
							2	6
6		7	1		5			9
	1	2	3	7				
9	3		6		2			
								4
		8		1			5	
		4		5		1	9	

Sudoku 113

				6	9		8	
	8		3			2		
		1		7		3		6
					2		1	
1	6				5			3
	4			3		5		
6	1	2	5				9	7
5	9							
3		8		2	4	6		

Sudoku 114

4			1		3			9
				9	7		5	
2			8					
	7		6	1				
3		9		5		4		
	4		8		9			1
		4			8	5		7
7						8	2	
	6				5		9	4

Sudoku 115

9		5		1				
				7		1	6	
3			4		8			7
1	2	6		4				8
		3					7	
			5		9			
	3	9		6	5	8		
			8	9				1
4		8		3				9

Sudoku 116

				9	6			1
	2	7	3	8		4		
		1			2			
7		6	9				1	5
	4	5		7			9	
	1							4
	9			4	7	5		6
8	6							
5			2				8	3

Sudoku 117

		6		1	3	2	5	8
			2		5	6	9	4
	5			4			7	
	7		8		6			9
5			1	9				
	8			2		7		5
			4	6	2		3	
	3	4						
2			9				8	

Sudoku 118

			3				7	
6	5	8						9
			5					
		7		8	1	5		6
						4	8	7
	4	6		2				3
5		3		6	2	7	4	
9		1		5		6		
2						9		

Sudoku 119

		9				3		8
6		3		5		7	4	
	2	1		8				5
3	6		9			8	2	
						9		
1		8	3	7	2		5	
	5	6						
		2		6	7		8	
					4			9

Sudoku 120

		1	9		7		4	8
	6		5	3				9
2						6	3	
		6		5	9			
					3		6	
4		3		8			9	
			8				2	
3		7	1				5	6
	2			9		4	1	

Sudoku 121

	8	6	4				9	
4	2			3	8			
5	9	3		6	1	2		4
2					3	8		
					5			
9					7	5	2	1
			8	1			7	
		9	3		6			
7							4	

Sudoku 122

8				4	5	1		
1			8					2
		2	3				8	6
			5	8				9
	8			2			5	
6	9	5	7			2	4	8
	2	6				9		5
9					4	7		1
7			9					

Sudoku 123

2	8		6		9		5	7
	6						8	9
		7				6		1
9		8	1			4		
	5				7			3
6		2	3					
		3				8	2	
5			8	3				
				5		1		

Sudoku 124

					8		5	2
	2	8	6					
7		5		4			6	
5	4	2	8	9		1		
		6	4					
3					6	4	7	9
6	3		9	8			2	
8		9				7	1	
2			7					8

Sudoku 125

		7		6		8	3	5
6					7			1
5	4			3		2	7	
2							8	7
			9	8	1			3
8	9	6	2		3		5	
4		9	7		6	3	1	
3			4					

Sudoku 126

8		7	3	4			5	
				9		3		
2	9			6		4	7	
			6		4		1	5
9	7	5					4	
		6						3
		1	5				9	
5	2	9		3	1	6		
7			9					

Sudoku 127

9		3				5	8	
6								9
7					3	1		4
		9		3			7	
		6	9	1				
8	3		4			9		5
3	5		8			6		
		8			4			3
4	9			7		2		

Sudoku 128

				4		1	5	
7	5	9	3				2	
	1		6					7
5	6	4	7		9		8	2
		7			3	4		
				5	8	9		
8	9	6				2		1
1					2			
	7	2						

Sudoku 129

	4			5	1	7		
5	9	1	7		2	4	6	
						1		3
8					6			4
			4	8		5	3	
			3	2	7			1
4			2				9	5
	6					3		
	2	3	1	6				

Sudoku 130

	5	9		1				
			4	3	9	5		
		4			7			
4		8			6		5	7
		5					2	
	6	2						4
	8	6				7	9	3
9	4							
5	1	3	7	9			8	

Sudoku 131

1				4	9	2		5
5	2	7						
				3		1	8	7
			1	9	4			3
	8	2	5			4		
4	1		3	8			7	
					3			8
		3	9	7				
6					8	9		

Sudoku 132

						5		4
		1	7	3			2	
2	7	6	4				3	
9	1			2			4	
			1		6			
		3					1	8
	6	5	2				8	3
3				4			6	
		4	8			1		9

Sudoku 133

				3	2			4
	4	1		7	9			6
9		6		8				
6		3		5	7			1
			2			7		
		7	3	4			2	
	8	9	1				4	
								9
4		5	7	9				

Sudoku 134

	2	5						1
		3	5	1	8			2
	4	1	2		6	3		
3	9		7		1	5		
4					2			
	7						2	
	5		6		4	7		
	3				7	8	9	
	8			3			4	

Sudoku 135

	2	1		5	7	8		
		5				2		
								3
			7		3			2
	6			8			1	
4	7		2	1	6			
9			8	3		5	2	
	4			6		3		8
8	3	2			9			

Sudoku 136

9						1	2	8
				4			3	
6	3	2		1			7	9
			4		1			
8			3		2			
		7		5				
	1	6			4	5		
		5	1		3			
7	9	3		6	8			

Sudoku 137

		4			8			3
	7		3			8	6	
	3	8		5				
4					5	9	3	7
1		9		4			8	2
3	8		2	6		5		
			6				9	
		3						
9		5		3		7		8

Sudoku 138

6						9		
		5		6	2			
	4						6	7
		8	3			1	9	4
9			4	2		6		
	2	1		3	4	5	7	
	5	6	9				4	3
	3				7			

Sudoku 139

			4	9			8	
6	5			3		2		
9	4	8			5			
	6	1	8	4	2	3		
	3		7					
					1	4	7	
		6				1		
4	1				7			3
3		9			4	5		7

Sudoku 140

		3		2		6		
	6	5	9			8		
		4			6			3
3	5			4				
			6			2	9	
2			8		7	3		
		1		6	4			
8	4		7		9			
	9			5			1	2

Sudoku 141

2		3	6				7	1
	7	6		3	4			2
		9			7			
	9	8		6		7	4	
7	4					3		6
	6				5	1		
	2					9		
		4		2	3			
		1	9				5	4

Sudoku 142

8	1		4	3				
3	9			8				
6		2			1			3
		1			4	6		7
7	6				3	4		
4		8		1				
	2			7		5		1
5						9	4	
1							7	2

Sudoku 143

6				2	4	3	8	9
			9	8			7	
8		7		3				
							5	8
	7		3			1	9	2
1	8			6			3	
	3	1		5	6			4
	6							
9	5				2			

Sudoku 144

				4				7
1		5						
	7						8	3
5			6	1		3	7	2
			4		7		1	
3							6	8
	3				9	8		
2	9	6				7		
8			7	6	3	2		9

Sudoku 145

1		2		4	5		6	
			7	1	8	5	4	
	4				2			
	1				3		9	8
	8				6	3		5
	3	9	8	2				
				8				
	9	1						3
		8	4			2	7	

Sudoku 146

			5		3			7
	8			6		2		3
	5			8		9	4	
			9			5	8	4
9		5			1			
8	7	4	3					
1			2	3				
	6							9
2	9			7				8

Sudoku 147

5	6		8	3		1		
8				7	1		5	3
1				4	5		6	
2				1		3		5
			5			6		
4					3		9	1
	3	2		5			8	
					7			
		8		2		7		4

Sudoku 148

		4	1	9				
		7			4	9	1	
		9		2		8	4	6
9		8			1			
6					5			8
		5		6	8		2	9
2			3				8	
		1				3		
		3	4		6			5

Sudoku 149

3	9							2
		7			4	1		9
	8			1		7		
		6						8
	3		7	2		9		
9	2		1			5		
8				4		9		3
	4			8	1		2	
	1	3	6				7	

Sudoku 150

8				7				6
				9				7
7	9				6		1	
					8		5	9
5		8		3		1	4	
	4				5	8		3
	8				9	3	6	
1	3			8		4		
6	5	9		4	1			

Sudoku 151

2		8			3		5	
		9		1			7	4
		1		7		3		6
	9	3		4			8	
		5	6		9			
					7			1
	5							2
			5			6		8
9	2	4					1	7

Sudoku 152

6	3	2	5					7
	8			9				
5	4				1			3
			4			2		5
		1		7	8			9
						8	3	
	1	4	2			3		8
8				4			9	
				3	9		2	

Sudoku 153

		3			8			7
		7	3			6		
					7		3	2
1					5	7		9
	9	4		6			1	
		6			1			4
	1				9	3		
7	2		1	4			8	6
			8		6	2		

Sudoku 154

	9	3		5		2		
	8				2	1		7
7		1		6				
		2	5				7	
	4	6		8	1		3	
	5	7		4		8		9
	7					6	9	
4			8			3		
		8		1				

Sudoku 155

4	5	7						8
	2	8					9	1
9		1			3	4		
		4	7			3		9
	1	6					8	5
5	9			2		1		
		2		8			5	
	4			3			1	
				6	2	9		

Sudoku 156

	5	7			6	1		
	2					3	5	
1		8		7	3			6
			7		5	9		
7	1		4					2
8				1				
	7	2		5	1			9
6				2			4	8
		9	3			7		

Sudoku 157

3	4	9		6				
	1						9	6
2	6		9					5
5						7		4
8				2	5	6		3
	3	7						2
		3			8	5	6	
		2			1			
			4	5	6		3	

Sudoku 158

	1			7	8			
	7	5	4					
3			6					
				6	3			9
	3	6	9	5	1	2	8	
8	5					3		
	4	7		9				
			5					1
1		2	3	8	4	7		

Sudoku 159

	3		9	2			6	
		4			1		2	
				4		9		1
	1			7	3			
				5			8	
2	5	6			9	1		
	6			9				4
	8		7		4	6	9	
	7				5		3	

Sudoku 160

	3	1			9	4		
		6	7		4		8	
9			3				5	
		5		3	1	7	6	4
4		9		2		5		
		7		8			1	
		2						5
			8				9	
	4				6			7

Sudoku 161

	9		4	8		5		
		5			9			
	8			5	2	7		
8			9	1	5		2	
2				3				
	3		6		7	1		
1		7	2				5	
	2	8		9		6	4	7
3	4							2

Sudoku 162

1		4	7			8	6	5
	5			4	6			2
			5			9	4	1
5	9		8					7
		6		1				
			7	2	3			
8								
	3	2		9				
		5				1	7	9

Sudoku 163

	9	3	2		8	6		
1	4		6					
							4	
		2		9				
					5	8		4
		6	7					1
	1				7		3	5
7		5		3	1	9		2
8		4		5		1		

Sudoku 164

				8	6			
	5			7				
	8	7	9	5				3
				1	5	9	4	
6	1			3	4	7		2
	4	2					3	
		8		2			9	
		5		9		6		8
3								5

Sudoku 165

	3			8		9	6	5
			7			4	2	8
9								
6	4			3				
	9		6	1			7	2
				2				
1	6	4		7	2		5	
	8		3				1	7
3	7	5						

Sudoku 166

		8						
	3			1	5		8	
2					4		7	
						9	6	
	9		6	2		4	3	8
		7					1	
3		2			6	7	4	9
6			2		3		5	1
	1				9	3	2	

Sudoku 167

7	2			1			5	
	8	5				1		
3				2				
	5		2		7	9		
				3				
2		4	9			3		
4			5		2	6	3	
		9	7	6		4		8
1					8			9

Sudoku 168

				6	7			2
					5			
5							1	6
3	5			1				
		6			8		9	
	2	8	6			3		5
7			2	3		5		
	9	5	4					
				8	9	4	6	

Sudoku 169

				9		1		
1	5		6	2		7		
							2	
5			2		6			
	6				1	9	7	
		2		7	9			3
	7				2	5	8	
	3		4				1	
	2	4	9			3		

Sudoku 170

							5	9
	3	9		4		6	7	1
					7	8		
	9	7		1			8	
3	8	2		5		1		
			7	2	8			
	7	5	9	3				
		3	2		5			6
			1		6	5		

Sudoku 171

							8	
		5	9	3				7
4		9	1	8		3		
		2	3		4			
6	7			9		1		
8		3			1		5	
	6	7						
	5	1	7		3			8
		8			2		7	9

Sudoku 172

8	7	6	5		1	2		
4		3					5	
					8	4		7
	3	4			6			
		7	1	3				
6		1			4	8		2
		8		7		3	2	
3	1		8	5				
			6					9

Sudoku 173

	4				6			
	1		3				2	
7		6	4	1	9		5	
	9			7		3		2
6			2	8		5		
			1				4	
2	6					4	7	8
5					2		3	9
	7	3			8			

Sudoku 174

	9		2			5		8
			9			7		3
		7				1		
	7		5			3	8	
8	1			3			2	
3	6		7					
5					4	2		6
6				7			1	
7		1			8	9		

Sudoku 175

5	3				1		9	
		4			9		6	
8				4	3			
	1		2	7	8			6
					6			
		8	3	9			7	
	7			6	5	3	4	8
	8	3		1		9		
4		9			7	6		

Sudoku 176

3		6	8			4		
		7					5	
				3			2	
2				7		5		
6	4							
7		5	1			3		6
1	5	2			9	7	3	
				2		1		4
4	6	3			1	2		5

Sudoku 177

			3		6		5	9
	9			4		3		
3		6	9					
6	5	4		3		9		
		2		7	9		3	4
			6			2	1	
	7		8			5	2	
	6		4	5	3			
	1						8	

Sudoku 178

		6		9			4	1
	5	9				3	8	2
	3	4				9	7	
5								
		8	1	2		4	3	
3	9				7			8
9	6			8	3	1	2	
	8			5			6	
		5	2					3

Sudoku 179

			6		3			2
5							3	
3		7	2			6	8	5
			8			5		
	1	9		2		3		
6			7					
1			9	6		5		3
8		6	4		5	1		7
9		5		1			4	

Sudoku 180

				9		7		3
		7		8	4	9	2	
6	1	5			2	8		9
3				1				4
	8	4		7		2	3	
				6	3		4	7
5			9				8	
7	6					1		2

Sudoku 181

	2		6				8	4
		6		7		3	5	
	7			5		1		
		3	2					1
					8	5	9	
8					5	2	3	7
1			9		7			
	9	8	3	1	6			

Sudoku 182

			6		3			
7	4		8					
		5		2	7	8		
2				1		9	3	
	3	4		8		6		
		9				7		
	2		9		8			
	8			6		4	1	9
		6	4	7		2	5	

Sudoku 183

8	3			6	9		2	
1			5		3			
		9	1		8	6		3
2		3	7	4				1
	7					5		4
	9			5				
	6	4		8				
		7	9	1	4			
			6		5	7		

Sudoku 184

4					9	3		
	1							8
3			1	5				
		4	8					
				6				9
		6			7	5	8	
7		2					4	
1	8		6	3		7	9	2
			7	1	2		6	

Sudoku 185

4					9	8		
	9							1
	3			7				
8		9	1	6	7	2	3	
				4		9		
	7	3	9	5				
3	1				8			6
6	5	7	3					
9						7		3

Sudoku 186

1		4			5			2
					2		9	
			9		1	6	5	
9			1		8		2	3
4		8						
				6			7	
		2		9	6	3	4	
		9	8	5				1
5	3	6				7		

Sudoku 187

			2					4
6	1							
7	9	2		4	1		5	
4	8	3		9			6	
	6	9	4					1
			8			4	3	
		5	7				4	
9	2		3			1		
	4	6		5	8			

Sudoku 188

			3				8	
		1	7	9	8	2		5
8	6				2	1		
9	1	5			6	7	4	
		4			5			
					4		3	
	9			5		6		
5				2	3			1
6	4				9			7

Sudoku 189

	1		9	3				
6	4							9
		8	4			7		
5		7		1	4	9		2
	3				6	8		
			2					6
				7		5	1	8
1				8		3		
3			1		5		6	

Sudoku 190

3	6			2				
		4				3		8
	5		3			6		7
	4	5			8		3	
	9	7				8	1	
	2			1	6			
		6		8		4		
	8			5		1		3
9			4			2		5

Sudoku 191

1					8		2	3
	3	7					4	6
	2			7		8	5	9
	7	4		2	6			8
9	6		7		4			
				3				
		3				2		
7	5		2		1			
2				8	7			

Sudoku 192

		9		8				2
						4	7	
4				2	3		9	
		3	5					9
2	8		9		6		1	
			2		1		8	7
	1		3		9			
3	2	4	8		7	9		
	9	5		1		7		8

Sudoku 193

8								9
		5					6	7
	6						3	1
7		4	3				8	
			4		7		2	5
9	1	2			8		7	
1	4			8	6			
2		6	9		1			8
	9			3	2			

Sudoku 194

3				7				8
		7		8				
	9	2					3	
					5		6	3
	3				9	8		
	7							2
	5	4				3	2	
2				4	6	7	5	
		3	1	5		4	8	

Sudoku 195

	8	1		3		7		4
3		5	2					
		4					1	
			8			9		5
7					5	2	4	
5	3	2	4			8	6	
					9	1		3
			1				7	8
	2				7	4		

Sudoku 196

	2		4	1		7		8
7							5	2
			9		2			
		6	1		8	4	2	3
3	5	1			4	8	6	
						5		7
		8	5		3			
		4	2	8				
			6		1			5

Sudoku 197

	5			6	2	1		
		2	8	9			6	
		9						2
			2	7	3		8	
2		4					9	3
		1						5
7	4		6	2				
	1		7		4	5		
			3					7

Sudoku 198

		3					8	9
	9	7	8	3				
5	8				1			
			6	2		9		
8	5					4		
		9		7	4			
					2	5		4
	1			6		7	2	8
2	4	8	9				6	

Sudoku 199

2	9					5		
7			3	4	5	2		
		3		7		4	8	
	4			9	8		1	2
	2			5				
6								
			2		9		6	
9		2		6			4	3
	6	8	4					

Sudoku 200

4	7		9		2		8	
2		3	7				4	9
				8		5		7
			8					
5	6			3				
	1	4					6	
3	4			9	1	7		
9					8			2
	2			5	4			

1

7	4	5	2	9	1	8	3	6
9	3	6	7	8	4	5	2	1
8	1	2	5	6	3	4	7	9
2	6	4	9	7	8	1	5	3
3	9	7	4	1	5	6	8	2
1	5	8	3	2	6	9	4	7
6	8	3	1	5	2	7	9	4
4	7	1	8	3	9	2	6	5
5	2	9	6	4	7	3	1	8

2

5	1	2	3	4	8	6	7	9
4	9	6	1	7	2	8	3	5
3	7	8	5	6	9	4	1	2
8	6	1	7	9	5	2	4	3
9	5	4	2	3	6	1	8	7
2	3	7	4	8	1	5	9	6
1	4	3	6	5	7	9	2	8
7	8	5	9	2	4	3	6	1
6	2	9	8	1	3	7	5	4

3

1	2	4	3	8	5	7	9	6
8	6	3	4	7	9	5	1	2
9	7	5	6	2	1	8	3	4
7	9	1	5	3	6	2	4	8
5	3	8	2	9	4	6	7	1
2	4	6	8	1	7	3	5	9
4	8	9	7	6	3	1	2	5
6	5	7	1	4	2	9	8	3
3	1	2	9	5	8	4	6	7

4

4	3	9	1	6	2	7	5	8
2	6	5	4	8	7	1	9	3
1	8	7	9	5	3	4	2	6
8	9	2	7	3	6	5	1	4
6	4	3	2	1	5	9	8	7
5	7	1	8	9	4	6	3	2
3	2	4	5	7	1	8	6	9
9	5	6	3	4	8	2	7	1
7	1	8	6	2	9	3	4	5

5

3	7	6	1	9	8	2	5	4
9	2	1	6	4	5	8	3	7
5	8	4	2	7	3	1	6	9
4	6	9	7	5	2	3	8	1
7	5	8	3	1	4	9	2	6
1	3	2	9	8	6	7	4	5
8	9	5	4	3	1	6	7	2
6	4	7	8	2	9	5	1	3
2	1	3	5	6	7	4	9	8

6

7	1	9	4	2	8	5	3	6
5	2	4	1	3	6	8	9	7
8	3	6	5	7	9	1	2	4
9	4	3	8	6	2	7	5	1
2	5	7	3	1	4	9	6	8
1	6	8	9	5	7	3	4	2
4	8	2	7	9	3	6	1	5
6	9	5	2	8	1	4	7	3
3	7	1	6	4	5	2	8	9

7

8	6	1	2	3	9	7	5	4
5	2	9	4	1	7	6	8	3
3	7	4	6	5	8	9	1	2
9	3	2	1	4	5	8	7	6
6	4	8	7	9	2	1	3	5
7	1	5	8	6	3	2	4	9
4	8	3	9	2	1	5	6	7
2	5	7	3	8	6	4	9	1
1	9	6	5	7	4	3	2	8

8

9	8	6	3	2	7	4	1	5
7	2	5	8	4	1	9	6	3
1	3	4	5	6	9	7	2	8
6	7	1	9	3	4	5	8	2
3	4	2	7	8	5	6	9	1
5	9	8	2	1	6	3	4	7
4	5	9	1	7	2	8	3	6
8	1	7	6	9	3	2	5	4
2	6	3	4	5	8	1	7	9

9

7	2	3	6	4	8	5	9	1
8	5	9	3	2	1	6	7	4
1	4	6	9	5	7	8	3	2
2	1	4	7	8	3	9	6	5
9	3	7	5	6	4	1	2	8
6	8	5	1	9	2	3	4	7
3	6	2	4	1	5	7	8	9
4	7	1	8	3	9	2	5	6
5	9	8	2	7	6	4	1	3

10

7	2	6	5	9	3	1	8	4
4	1	5	7	6	8	2	3	9
3	9	8	2	4	1	7	6	5
6	3	1	8	2	4	5	9	7
5	7	9	3	1	6	4	2	8
8	4	2	9	7	5	3	1	6
1	5	4	6	8	2	9	7	3
2	8	7	4	3	9	6	5	1
9	6	3	1	5	7	8	4	2

11

4	2	8	1	9	6	7	5	3
6	7	3	8	2	5	4	1	9
1	5	9	4	7	3	8	6	2
3	9	5	6	8	4	1	2	7
7	8	4	2	3	1	5	9	6
2	1	6	9	5	7	3	4	8
8	3	1	5	6	2	9	7	4
9	4	2	7	1	8	6	3	5
5	6	7	3	4	9	2	8	1

12

4	7	6	5	8	1	9	2	3
5	9	1	3	2	7	4	6	8
3	8	2	6	4	9	5	1	7
1	5	7	2	3	4	6	8	9
9	2	8	7	1	6	3	5	4
6	3	4	9	5	8	2	7	1
7	6	3	8	9	5	1	4	2
2	1	5	4	7	3	8	9	6
8	4	9	1	6	2	7	3	5

13

4	1	6	8	3	2	5	7	9
7	9	2	4	6	5	8	1	3
8	5	3	9	1	7	2	6	4
9	3	8	6	2	1	7	4	5
5	6	1	7	4	9	3	8	2
2	7	4	3	5	8	6	9	1
1	4	5	2	8	6	9	3	7
6	2	9	1	7	3	4	5	8
3	8	7	5	9	4	1	2	6

14

6	4	2	5	1	9	3	8	7
9	8	3	6	4	7	5	1	2
7	5	1	3	8	2	4	6	9
5	2	9	1	7	8	6	3	4
4	1	6	9	2	3	7	5	8
3	7	8	4	6	5	2	9	1
1	9	5	2	3	4	8	7	6
2	3	7	8	9	6	1	4	5
8	6	4	7	5	1	9	2	3

15

9	8	3	6	5	7	1	2	4
1	6	7	2	4	8	9	3	5
4	2	5	9	1	3	6	7	8
3	1	4	7	8	6	2	5	9
8	5	2	1	9	4	3	6	7
7	9	6	3	2	5	4	8	1
2	4	8	5	3	1	7	9	6
6	3	1	8	7	9	5	4	2
5	7	9	4	6	2	8	1	3

16

8	6	4	3	7	2	1	9	5
7	2	9	5	1	6	4	8	3
3	1	5	4	9	8	2	6	7
5	7	8	1	4	9	3	2	6
2	4	1	6	3	7	8	5	9
6	9	3	8	2	5	7	4	1
1	3	2	9	6	4	5	7	8
9	8	7	2	5	3	6	1	4
4	5	6	7	8	1	9	3	2

17

1	8	2	9	3	6	5	7	4
4	9	6	7	5	8	1	2	3
7	3	5	1	2	4	9	8	6
5	2	3	6	7	9	4	1	8
8	7	4	2	1	5	6	3	9
6	1	9	4	8	3	7	5	2
9	5	7	3	6	2	8	4	1
2	4	1	8	9	7	3	6	5
3	6	8	5	4	1	2	9	7

18

6	9	2	4	5	8	1	3	7
5	3	1	9	2	7	4	6	8
4	7	8	1	3	6	9	5	2
7	6	4	3	1	2	8	9	5
8	1	3	7	9	5	2	4	6
9	2	5	8	6	4	7	1	3
2	8	6	5	4	9	3	7	1
1	5	9	2	7	3	6	8	4
3	4	7	6	8	1	5	2	9

19

4	8	2	3	7	5	6	9	1
7	3	9	4	1	6	5	8	2
6	1	5	2	8	9	4	3	7
5	4	8	1	9	3	2	7	6
1	7	3	6	2	8	9	5	4
2	9	6	7	5	4	3	1	8
3	5	4	8	6	1	7	2	9
8	6	7	9	3	2	1	4	5
9	2	1	5	4	7	8	6	3

20

2	3	6	8	7	9	4	1	5
4	8	9	5	3	1	6	7	2
7	5	1	2	6	4	9	8	3
5	9	7	6	8	2	3	4	1
8	6	4	1	9	3	2	5	7
1	2	3	7	4	5	8	6	9
6	1	8	3	2	7	5	9	4
3	4	5	9	1	8	7	2	6
9	7	2	4	5	6	1	3	8

21

6	3	2	5	8	9	7	1	4
9	4	1	3	2	7	6	8	5
7	8	5	4	1	6	3	2	9
1	7	4	9	3	5	8	6	2
8	9	3	6	7	2	4	5	1
2	5	6	1	4	8	9	3	7
3	1	8	2	9	4	5	7	6
4	6	7	8	5	1	2	9	3
5	2	9	7	6	3	1	4	8

22

1	5	2	6	9	7	8	4	3
4	8	6	5	3	2	7	1	9
3	7	9	1	8	4	6	2	5
7	9	5	3	4	8	2	6	1
2	4	3	9	6	1	5	7	8
8	6	1	7	2	5	3	9	4
9	2	4	8	7	3	1	5	6
5	3	7	4	1	6	9	8	2
6	1	8	2	5	9	4	3	7

23

2	7	6	3	8	5	1	9	4
8	1	5	2	4	9	7	3	6
9	3	4	1	7	6	5	2	8
6	2	7	9	1	8	3	4	5
1	5	3	4	6	7	9	8	2
4	9	8	5	2	3	6	1	7
3	6	1	8	5	4	2	7	9
7	4	9	6	3	2	8	5	1
5	8	2	7	9	1	4	6	3

24

3	5	4	2	1	9	6	8	7
9	2	7	4	8	6	5	1	3
8	1	6	3	7	5	2	9	4
7	9	5	8	6	1	3	4	2
2	8	3	9	4	7	1	5	6
4	6	1	5	2	3	8	7	9
1	4	2	7	3	8	9	6	5
6	7	9	1	5	2	4	3	8
5	3	8	6	9	4	7	2	1

25

9	4	7	8	5	3	2	1	6
8	2	5	1	4	6	9	3	7
3	1	6	9	7	2	4	8	5
2	5	3	4	6	1	8	7	9
7	8	4	3	2	9	5	6	1
1	6	9	7	8	5	3	4	2
5	7	8	2	1	4	6	9	3
6	9	1	5	3	8	7	2	4
4	3	2	6	9	7	1	5	8

26

5	7	4	6	1	9	8	2	3
9	2	3	5	7	8	1	6	4
8	6	1	3	4	2	9	5	7
7	8	5	4	2	6	3	1	9
6	4	2	9	3	1	5	7	8
3	1	9	8	5	7	2	4	6
4	5	8	2	6	3	7	9	1
1	9	6	7	8	5	4	3	2
2	3	7	1	9	4	6	8	5

27

2	1	5	8	7	4	9	6	3
9	6	4	3	1	5	2	8	7
8	3	7	9	6	2	5	1	4
3	4	8	2	5	7	1	9	6
1	2	6	4	9	3	8	7	5
5	7	9	1	8	6	4	3	2
7	9	3	5	2	8	6	4	1
6	5	1	7	4	9	3	2	8
4	8	2	6	3	1	7	5	9

28

2	3	8	5	9	4	7	1	6
9	4	5	1	7	6	2	3	8
1	7	6	3	8	2	9	4	5
5	8	2	6	3	9	4	7	1
6	1	3	8	4	7	5	9	2
7	9	4	2	1	5	8	6	3
3	6	9	4	2	8	1	5	7
4	2	1	7	5	3	6	8	9
8	5	7	9	6	1	3	2	4

29

1	8	3	7	6	9	4	2	5
5	7	2	8	1	4	9	6	3
4	6	9	2	5	3	1	8	7
8	2	7	6	9	5	3	4	1
3	4	5	1	8	7	6	9	2
9	1	6	3	4	2	7	5	8
6	3	4	5	2	1	8	7	9
2	9	1	4	7	8	5	3	6
7	5	8	9	3	6	2	1	4

30

1	2	3	4	5	7	9	6	8
9	7	4	1	8	6	3	5	2
6	5	8	2	9	3	1	7	4
3	8	7	5	2	9	6	4	1
2	1	6	7	4	8	5	9	3
5	4	9	6	3	1	2	8	7
8	3	2	9	7	5	4	1	6
4	6	5	8	1	2	7	3	9
7	9	1	3	6	4	8	2	5

31

8	7	2	3	9	5	4	1	6
9	6	4	1	7	2	5	3	8
1	5	3	8	4	6	7	9	2
7	2	8	5	3	4	9	6	1
5	9	1	2	6	7	8	4	3
3	4	6	9	8	1	2	5	7
2	3	7	6	5	9	1	8	4
6	1	5	4	2	8	3	7	9
4	8	9	7	1	3	6	2	5

32

7	8	2	4	5	9	3	1	6
6	3	1	2	8	7	5	4	9
5	9	4	1	6	3	2	8	7
3	4	9	5	2	8	7	6	1
2	7	6	3	1	4	8	9	5
8	1	5	7	9	6	4	2	3
4	6	8	9	3	5	1	7	2
1	5	7	6	4	2	9	3	8
9	2	3	8	7	1	6	5	4

33

9	3	1	6	4	7	8	5	2
2	5	6	9	8	3	7	1	4
7	4	8	5	2	1	9	6	3
6	8	4	7	5	2	1	3	9
1	2	5	4	3	9	6	8	7
3	7	9	1	6	8	4	2	5
5	9	7	2	1	6	3	4	8
4	6	3	8	9	5	2	7	1
8	1	2	3	7	4	5	9	6

34

5	7	6	1	4	8	2	3	9
1	9	8	5	2	3	4	6	7
4	2	3	7	9	6	8	5	1
8	6	5	9	1	2	7	4	3
9	4	2	3	5	7	1	8	6
3	1	7	8	6	4	5	9	2
6	8	1	4	7	9	3	2	5
2	5	4	6	3	1	9	7	8
7	3	9	2	8	5	6	1	4

35

7	8	5	6	4	2	9	3	1
9	6	1	5	8	3	2	4	7
2	3	4	7	9	1	8	6	5
6	1	8	2	5	9	3	7	4
3	4	7	8	1	6	5	9	2
5	9	2	4	3	7	6	1	8
1	5	9	3	7	8	4	2	6
4	2	3	1	6	5	7	8	9
8	7	6	9	2	4	1	5	3

36

2	8	7	5	6	1	3	9	4
4	3	5	2	9	8	7	6	1
9	6	1	7	4	3	5	2	8
6	5	3	9	1	2	8	4	7
1	2	8	3	7	4	9	5	6
7	9	4	6	8	5	1	3	2
5	1	2	8	3	6	4	7	9
8	7	6	4	5	9	2	1	3
3	4	9	1	2	7	6	8	5

37

3	1	7	5	9	8	4	6	2
8	5	4	3	6	2	9	1	7
6	2	9	1	7	4	3	8	5
7	4	8	2	5	1	6	3	9
9	3	5	4	8	6	2	7	1
2	6	1	7	3	9	8	5	4
4	7	2	8	1	3	5	9	6
1	8	6	9	4	5	7	2	3
5	9	3	6	2	7	1	4	8

38

1	2	4	7	3	6	8	9	5
3	9	8	5	2	4	7	6	1
5	7	6	8	9	1	4	3	2
6	4	9	2	7	5	3	1	8
2	8	1	4	6	3	5	7	9
7	5	3	1	8	9	6	2	4
8	3	5	9	1	7	2	4	6
4	1	7	6	5	2	9	8	3
9	6	2	3	4	8	1	5	7

39

5	3	1	9	6	7	2	4	8
8	6	4	5	3	2	1	7	9
2	7	9	4	1	8	6	3	5
7	1	6	2	5	9	3	8	4
9	8	2	7	4	3	5	6	1
4	5	3	6	8	1	7	9	2
1	4	5	8	7	6	9	2	3
3	9	7	1	2	4	8	5	6
6	2	8	3	9	5	4	1	7

40

8	9	4	2	7	6	1	5	3
2	3	1	4	8	5	9	6	7
5	7	6	1	9	3	4	2	8
1	4	9	3	6	7	5	8	2
6	2	5	9	4	8	7	3	1
7	8	3	5	1	2	6	9	4
3	1	7	6	2	9	8	4	5
4	6	2	8	5	1	3	7	9
9	5	8	7	3	4	2	1	6

41

6	9	1	4	8	2	7	5	3
2	4	3	9	7	5	6	1	8
5	8	7	3	1	6	2	9	4
4	2	6	1	5	7	8	3	9
1	3	5	2	9	8	4	6	7
9	7	8	6	4	3	5	2	1
3	5	9	8	6	4	1	7	2
7	1	4	5	2	9	3	8	6
8	6	2	7	3	1	9	4	5

42

6	8	5	7	2	4	1	9	3
1	3	4	6	5	9	7	2	8
9	2	7	1	8	3	4	6	5
8	7	9	4	3	1	2	5	6
5	6	1	2	7	8	3	4	9
3	4	2	9	6	5	8	1	7
2	9	3	8	4	6	5	7	1
4	1	8	5	9	7	6	3	2
7	5	6	3	1	2	9	8	4

43

3	4	6	2	8	5	1	9	7
2	7	1	4	6	9	5	8	3
8	9	5	7	1	3	6	4	2
7	2	3	5	9	6	8	1	4
4	1	9	8	3	2	7	6	5
6	5	8	1	4	7	2	3	9
1	3	7	9	2	8	4	5	6
9	8	2	6	5	4	3	7	1
5	6	4	3	7	1	9	2	8

44

7	8	9	6	2	5	3	1	4
4	2	1	3	8	9	7	5	6
5	6	3	1	7	4	9	2	8
1	3	4	2	9	8	5	6	7
6	7	2	4	5	3	1	8	9
8	9	5	7	1	6	4	3	2
3	4	7	5	6	2	8	9	1
2	1	8	9	3	7	6	4	5
9	5	6	8	4	1	2	7	3

45

9	7	2	5	3	1	8	6	4
8	5	4	7	2	6	3	9	1
1	6	3	9	4	8	7	5	2
2	8	9	1	5	7	6	4	3
4	3	7	8	6	2	5	1	9
5	1	6	3	9	4	2	7	8
6	9	1	2	7	3	4	8	5
7	2	5	4	8	9	1	3	6
3	4	8	6	1	5	9	2	7

46

6	3	1	2	4	8	5	7	9
2	5	9	3	1	7	4	8	6
8	4	7	6	5	9	1	2	3
4	6	3	5	7	2	9	1	8
9	1	2	8	6	3	7	5	4
5	7	8	4	9	1	3	6	2
7	2	5	9	3	6	8	4	1
3	8	4	1	2	5	6	9	7
1	9	6	7	8	4	2	3	5

47

4	9	5	3	1	8	2	6	7
8	2	6	4	9	7	1	3	5
3	1	7	2	5	6	8	4	9
7	3	2	1	4	9	6	5	8
6	5	9	7	8	2	3	1	4
1	4	8	6	3	5	9	7	2
2	7	4	9	6	1	5	8	3
9	8	1	5	7	3	4	2	6
5	6	3	8	2	4	7	9	1

48

1	7	2	4	8	6	5	9	3
5	6	8	9	1	3	4	2	7
3	4	9	5	7	2	6	8	1
8	1	6	7	9	5	3	4	2
9	3	4	6	2	8	7	1	5
2	5	7	3	4	1	8	6	9
7	8	5	1	6	9	2	3	4
4	2	1	8	3	7	9	5	6
6	9	3	2	5	4	1	7	8

49

6	3	2	5	9	1	8	7	4
9	5	1	8	4	7	6	3	2
8	4	7	3	2	6	1	5	9
2	8	5	6	1	4	7	9	3
4	9	3	7	5	8	2	6	1
1	7	6	2	3	9	4	8	5
5	2	8	1	7	3	9	4	6
3	6	4	9	8	2	5	1	7
7	1	9	4	6	5	3	2	8

50

5	7	2	1	6	3	4	8	9
3	9	4	8	7	5	2	6	1
8	1	6	4	9	2	7	3	5
9	8	3	2	1	4	6	5	7
2	4	5	7	3	6	9	1	8
1	6	7	5	8	9	3	4	2
4	5	8	6	2	7	1	9	3
7	3	1	9	4	8	5	2	6
6	2	9	3	5	1	8	7	4

51

4	6	1	5	3	9	8	7	2
7	9	5	2	8	6	3	4	1
2	3	8	4	7	1	5	6	9
8	4	9	1	6	7	2	3	5
5	2	6	8	4	3	9	1	7
1	7	3	9	5	2	6	8	4
3	1	2	7	9	8	4	5	6
6	5	7	3	2	4	1	9	8
9	8	4	6	1	5	7	2	3

52

9	3	1	2	6	7	4	8	5
6	8	7	9	5	4	3	2	1
4	2	5	1	3	8	6	7	9
3	1	6	4	7	9	8	5	2
5	4	9	8	2	3	1	6	7
2	7	8	5	1	6	9	3	4
7	5	4	3	8	1	2	9	6
1	6	3	7	9	2	5	4	8
8	9	2	6	4	5	7	1	3

53

6	9	3	1	5	7	2	8	4
5	8	4	9	3	2	1	6	7
7	2	1	4	6	8	9	5	3
8	1	2	5	9	3	4	7	6
9	4	6	7	8	1	5	3	2
3	5	7	2	4	6	8	1	9
1	7	5	3	2	4	6	9	8
4	6	9	8	7	5	3	2	1
2	3	8	6	1	9	7	4	5

54

5	6	2	1	3	8	7	9	4
4	1	3	6	9	7	2	8	5
9	8	7	2	4	5	3	6	1
3	2	9	4	6	1	8	5	7
6	4	8	5	7	3	9	1	2
1	7	5	8	2	9	6	4	3
7	5	6	9	1	2	4	3	8
2	9	1	3	8	4	5	7	6
8	3	4	7	5	6	1	2	9

55

1	8	2	5	7	3	9	6	4
7	6	5	1	9	4	2	8	3
9	4	3	2	8	6	7	1	5
5	9	6	4	1	8	3	7	2
2	1	7	3	6	9	4	5	8
4	3	8	7	2	5	6	9	1
8	2	4	9	5	7	1	3	6
3	5	9	6	4	1	8	2	7
6	7	1	8	3	2	5	4	9

56

2	7	8	9	6	1	5	3	4
9	3	1	2	4	5	7	6	8
6	5	4	3	8	7	9	2	1
7	2	6	8	5	4	1	9	3
1	8	9	7	2	3	4	5	6
5	4	3	1	9	6	8	7	2
4	1	7	5	3	2	6	8	9
8	6	2	4	7	9	3	1	5
3	9	5	6	1	8	2	4	7

57

2	8	6	5	4	3	7	9	1
7	1	4	9	8	6	2	3	5
9	5	3	2	7	1	6	8	4
5	4	1	7	6	8	9	2	3
8	2	9	3	5	4	1	6	7
3	6	7	1	9	2	5	4	8
4	9	5	8	2	7	3	1	6
6	3	2	4	1	5	8	7	9
1	7	8	6	3	9	4	5	2

58

2	5	1	4	7	3	9	6	8
6	7	4	9	5	8	1	2	3
3	8	9	6	1	2	4	7	5
4	2	6	5	9	7	3	8	1
1	9	7	3	8	6	2	5	4
8	3	5	1	2	4	6	9	7
9	1	8	2	3	5	7	4	6
7	4	2	8	6	1	5	3	9
5	6	3	7	4	9	8	1	2

59

4	6	5	2	9	7	1	3	8
8	1	2	6	3	5	9	4	7
3	9	7	8	4	1	2	6	5
6	8	1	5	7	9	4	2	3
5	7	4	3	2	6	8	9	1
2	3	9	1	8	4	5	7	6
7	4	6	9	1	8	3	5	2
1	5	3	4	6	2	7	8	9
9	2	8	7	5	3	6	1	4

60

9	3	1	7	6	4	2	5	8
2	4	6	3	5	8	1	7	9
8	7	5	9	1	2	6	4	3
4	6	9	5	2	7	3	8	1
3	5	2	1	8	6	7	9	4
7	1	8	4	9	3	5	2	6
1	9	7	8	3	5	4	6	2
6	8	4	2	7	1	9	3	5
5	2	3	6	4	9	8	1	7

61

1	7	4	5	2	9	6	8	3
3	8	6	1	7	4	5	9	2
2	5	9	3	6	8	7	1	4
8	4	3	2	5	7	9	6	1
6	2	1	8	9	3	4	5	7
5	9	7	6	4	1	2	3	8
4	1	2	9	3	5	8	7	6
7	3	5	4	8	6	1	2	9
9	6	8	7	1	2	3	4	5

62

9	2	5	7	8	4	6	3	1
7	3	4	6	1	5	2	8	9
6	1	8	3	9	2	5	7	4
2	8	6	9	3	1	7	4	5
4	7	1	5	2	6	3	9	8
3	5	9	8	4	7	1	2	6
5	9	7	4	6	3	8	1	2
8	6	2	1	7	9	4	5	3
1	4	3	2	5	8	9	6	7

63

3	4	7	6	9	2	5	8	1
8	6	5	4	1	7	9	2	3
9	1	2	5	3	8	6	4	7
1	9	6	7	8	4	3	5	2
7	3	4	9	2	5	1	6	8
5	2	8	1	6	3	4	7	9
2	8	1	3	4	6	7	9	5
6	5	3	2	7	9	8	1	4
4	7	9	8	5	1	2	3	6

64

4	3	9	5	7	2	8	6	1
7	6	8	4	9	1	2	5	3
1	5	2	6	3	8	9	4	7
8	7	6	1	5	3	4	9	2
2	4	3	7	6	9	5	1	8
9	1	5	8	2	4	3	7	6
6	9	4	3	8	7	1	2	5
3	2	7	9	1	5	6	8	4
5	8	1	2	4	6	7	3	9

65

1	5	9	3	7	6	2	8	4
4	8	6	9	1	2	5	3	7
3	7	2	5	4	8	6	1	9
9	4	5	7	6	3	1	2	8
7	6	3	8	2	1	4	9	5
8	2	1	4	5	9	3	7	6
6	9	4	1	3	7	8	5	2
5	3	7	2	8	4	9	6	1
2	1	8	6	9	5	7	4	3

66

8	2	5	9	4	7	3	1	6
4	1	3	6	2	8	5	7	9
6	7	9	1	3	5	2	4	8
2	5	8	3	1	9	7	6	4
1	9	6	4	7	2	8	3	5
7	3	4	8	5	6	9	2	1
3	6	2	5	9	4	1	8	7
9	8	1	7	6	3	4	5	2
5	4	7	2	8	1	6	9	3

67

8	1	9	4	6	5	2	7	3
4	6	5	3	2	7	8	1	9
7	3	2	8	1	9	5	6	4
6	2	1	9	3	8	4	5	7
3	8	7	5	4	2	1	9	6
5	9	4	6	7	1	3	2	8
9	5	6	2	8	3	7	4	1
2	7	3	1	9	4	6	8	5
1	4	8	7	5	6	9	3	2

68

4	1	8	3	2	5	6	7	9
7	2	6	9	8	1	5	3	4
5	3	9	7	4	6	8	2	1
2	5	4	1	6	7	3	9	8
6	8	3	2	5	9	1	4	7
9	7	1	8	3	4	2	6	5
1	4	5	6	9	3	7	8	2
3	9	2	5	7	8	4	1	6
8	6	7	4	1	2	9	5	3

69

6	9	5	2	4	8	1	3	7
8	3	2	5	7	1	9	4	6
1	7	4	3	6	9	5	8	2
3	5	6	9	1	2	8	7	4
4	2	7	6	8	5	3	1	9
9	8	1	7	3	4	2	6	5
2	1	3	4	9	7	6	5	8
5	4	8	1	2	6	7	9	3
7	6	9	8	5	3	4	2	1

70

2	1	4	8	7	5	9	3	6
9	3	8	6	4	1	7	5	2
7	6	5	9	3	2	8	4	1
5	8	9	3	2	6	4	1	7
4	2	1	5	8	7	3	6	9
6	7	3	4	1	9	2	8	5
3	9	6	2	5	8	1	7	4
8	5	7	1	9	4	6	2	3
1	4	2	7	6	3	5	9	8

71

8	3	6	9	7	2	4	5	1
5	7	9	4	1	3	8	6	2
2	1	4	5	8	6	9	3	7
3	6	1	7	4	5	2	8	9
9	2	5	1	6	8	7	4	3
7	4	8	2	3	9	6	1	5
1	8	2	6	5	7	3	9	4
4	9	3	8	2	1	5	7	6
6	5	7	3	9	4	1	2	8

72

5	6	4	8	9	1	3	7	2
9	2	8	5	3	7	4	6	1
7	3	1	6	4	2	9	5	8
1	5	9	7	2	4	6	8	3
3	8	2	1	6	9	5	4	7
6	4	7	3	5	8	2	1	9
4	7	3	2	8	6	1	9	5
8	9	5	4	1	3	7	2	6
2	1	6	9	7	5	8	3	4

73

2	5	4	1	6	7	8	9	3
8	3	6	9	2	4	1	7	5
1	9	7	8	3	5	6	2	4
6	8	9	3	1	2	5	4	7
5	4	2	6	7	9	3	1	8
7	1	3	4	5	8	2	6	9
4	6	5	7	8	1	9	3	2
3	7	8	2	9	6	4	5	1
9	2	1	5	4	3	7	8	6

74

1	2	6	5	7	4	3	9	8
5	4	8	3	9	2	6	1	7
7	3	9	8	6	1	2	4	5
4	7	2	9	3	6	5	8	1
6	5	1	2	8	7	4	3	9
9	8	3	4	1	5	7	2	6
3	1	5	6	2	8	9	7	4
2	6	7	1	4	9	8	5	3
8	9	4	7	5	3	1	6	2

75

3	4	5	2	7	1	6	9	8
6	1	7	9	8	3	2	4	5
8	9	2	5	6	4	1	3	7
4	2	8	7	1	5	9	6	3
5	3	1	6	2	9	8	7	4
9	7	6	4	3	8	5	1	2
1	5	4	8	9	7	3	2	6
2	8	9	3	4	6	7	5	1
7	6	3	1	5	2	4	8	9

76

9	4	3	5	1	8	6	7	2
6	5	1	7	3	2	8	4	9
7	8	2	6	4	9	1	3	5
5	3	8	4	2	6	9	1	7
4	9	6	3	7	1	5	2	8
1	2	7	9	8	5	3	6	4
8	6	4	2	9	3	7	5	1
3	7	9	1	5	4	2	8	6
2	1	5	8	6	7	4	9	3

77

9	4	1	6	3	5	8	7	2
2	5	7	1	9	8	6	4	3
6	3	8	7	2	4	1	5	9
4	8	9	2	5	3	7	6	1
3	6	2	4	1	7	9	8	5
7	1	5	8	6	9	2	3	4
5	2	6	3	8	1	4	9	7
1	9	4	5	7	6	3	2	8
8	7	3	9	4	2	5	1	6

78

7	8	3	1	5	6	4	9	2
6	5	1	4	9	2	7	3	8
2	4	9	8	7	3	6	5	1
8	1	5	2	4	9	3	6	7
9	2	7	3	6	5	8	1	4
3	6	4	7	8	1	5	2	9
1	7	6	9	3	8	2	4	5
4	3	2	5	1	7	9	8	6
5	9	8	6	2	4	1	7	3

79

5	1	7	9	2	3	6	8	4
8	6	2	1	5	4	7	9	3
3	9	4	7	8	6	1	5	2
7	8	3	6	9	5	2	4	1
9	4	5	2	1	7	3	6	8
1	2	6	3	4	8	5	7	9
2	5	1	8	6	9	4	3	7
6	7	8	4	3	2	9	1	5
4	3	9	5	7	1	8	2	6

80

2	6	8	3	7	1	5	4	9
7	9	1	4	2	5	6	3	8
3	4	5	6	8	9	2	7	1
4	3	2	5	1	8	7	9	6
8	5	7	9	3	6	4	1	2
9	1	6	7	4	2	3	8	5
5	2	4	8	9	7	1	6	3
1	8	3	2	6	4	9	5	7
6	7	9	1	5	3	8	2	4

81

5	2	7	3	9	4	6	8	1
1	3	8	2	5	6	4	7	9
4	6	9	1	8	7	5	2	3
9	8	1	7	2	5	3	4	6
3	4	2	6	1	9	7	5	8
7	5	6	8	4	3	1	9	2
6	1	4	9	7	8	2	3	5
2	9	5	4	3	1	8	6	7
8	7	3	5	6	2	9	1	4

82

2	9	1	3	7	8	4	5	6
6	5	3	9	1	4	7	8	2
8	4	7	6	2	5	9	1	3
9	7	8	5	6	3	2	4	1
4	6	5	1	9	2	8	3	7
3	1	2	8	4	7	5	6	9
7	3	9	4	8	6	1	2	5
1	8	6	2	5	9	3	7	4
5	2	4	7	3	1	6	9	8

83

6	5	8	3	2	7	9	1	4
9	1	4	6	8	5	7	2	3
2	7	3	9	1	4	8	6	5
5	3	7	8	9	6	1	4	2
1	2	6	7	4	3	5	9	8
8	4	9	2	5	1	6	3	7
3	9	2	5	6	8	4	7	1
4	6	5	1	7	2	3	8	9
7	8	1	4	3	9	2	5	6

84

1	4	3	9	7	8	5	2	6
2	6	5	3	1	4	8	9	7
8	7	9	6	2	5	1	3	4
6	1	4	7	8	9	3	5	2
9	3	2	5	4	6	7	8	1
7	5	8	2	3	1	4	6	9
4	9	6	1	5	3	2	7	8
5	2	1	8	9	7	6	4	3
3	8	7	4	6	2	9	1	5

85

3	4	5	8	2	6	9	1	7
9	1	8	3	5	7	6	2	4
7	2	6	4	1	9	8	5	3
4	9	1	6	7	5	3	8	2
6	3	7	2	8	4	5	9	1
8	5	2	1	9	3	7	4	6
2	6	9	5	3	1	4	7	8
5	8	4	7	6	2	1	3	9
1	7	3	9	4	8	2	6	5

86

3	2	8	9	4	6	5	7	1
4	7	9	1	2	5	3	6	8
1	6	5	8	7	3	9	4	2
8	9	4	3	6	7	2	1	5
6	5	1	2	8	9	7	3	4
7	3	2	5	1	4	6	8	9
5	1	6	4	3	2	8	9	7
9	4	3	7	5	8	1	2	6
2	8	7	6	9	1	4	5	3

87

7	4	2	3	8	5	9	1	6
5	6	3	1	9	4	2	7	8
8	1	9	2	7	6	3	5	4
3	9	1	4	2	7	6	8	5
6	8	7	5	1	9	4	2	3
2	5	4	6	3	8	1	9	7
4	7	5	9	6	1	8	3	2
9	2	6	8	5	3	7	4	1
1	3	8	7	4	2	5	6	9

88

4	5	8	3	6	2	9	7	1
1	7	3	4	8	9	2	5	6
6	2	9	5	7	1	8	4	3
3	4	7	9	1	6	5	8	2
5	9	6	2	3	8	4	1	7
2	8	1	7	4	5	3	6	9
7	1	2	8	5	3	6	9	4
8	3	4	6	9	7	1	2	5
9	6	5	1	2	4	7	3	8

89

6	1	8	2	9	3	4	5	7
5	4	3	8	1	7	6	2	9
2	7	9	5	6	4	8	1	3
8	6	4	1	7	2	9	3	5
7	3	5	9	4	8	1	6	2
1	9	2	6	3	5	7	4	8
9	2	1	3	8	6	5	7	4
4	5	6	7	2	9	3	8	1
3	8	7	4	5	1	2	9	6

90

1	8	9	2	4	7	5	6	3
2	7	6	9	5	3	8	1	4
5	3	4	6	1	8	7	9	2
3	5	7	1	9	6	2	4	8
9	4	2	8	7	5	1	3	6
6	1	8	4	3	2	9	5	7
8	9	1	3	2	4	6	7	5
7	6	3	5	8	1	4	2	9
4	2	5	7	6	9	3	8	1

91

7	3	6	4	1	9	5	8	2
1	2	4	8	3	5	7	6	9
8	9	5	6	2	7	3	4	1
5	6	1	9	4	3	2	7	8
3	4	7	5	8	2	9	1	6
2	8	9	1	7	6	4	3	5
4	7	8	2	5	1	6	9	3
9	5	3	7	6	8	1	2	4
6	1	2	3	9	4	8	5	7

92

4	7	9	2	3	8	5	6	1
1	6	2	5	7	9	8	3	4
8	3	5	1	4	6	9	2	7
7	9	4	3	1	5	2	8	6
6	8	1	9	2	4	3	7	5
2	5	3	6	8	7	1	4	9
9	4	7	8	5	2	6	1	3
3	2	6	4	9	1	7	5	8
5	1	8	7	6	3	4	9	2

93

9	7	5	3	4	6	8	2	1
4	8	2	9	1	7	3	5	6
6	3	1	2	8	5	7	4	9
7	6	3	4	5	9	2	1	8
5	1	4	8	7	2	6	9	3
2	9	8	6	3	1	5	7	4
3	2	7	1	9	8	4	6	5
8	5	9	7	6	4	1	3	2
1	4	6	5	2	3	9	8	7

94

1	4	8	2	5	3	7	9	6
5	2	6	1	7	9	4	3	8
7	9	3	4	6	8	1	5	2
2	3	1	6	8	5	9	4	7
9	8	4	7	1	2	3	6	5
6	7	5	3	9	4	8	2	1
4	6	7	9	2	1	5	8	3
3	5	2	8	4	7	6	1	9
8	1	9	5	3	6	2	7	4

95

3	6	2	8	1	4	5	9	7
4	1	7	5	2	9	6	3	8
5	9	8	7	3	6	2	4	1
7	4	6	3	9	5	1	8	2
2	5	9	1	8	7	4	6	3
8	3	1	6	4	2	7	5	9
6	2	3	9	5	1	8	7	4
1	8	5	4	7	3	9	2	6
9	7	4	2	6	8	3	1	5

96

7	9	3	2	6	4	1	5	8
4	6	5	1	8	3	2	9	7
2	1	8	5	9	7	4	6	3
9	2	4	7	3	5	8	1	6
3	5	1	6	4	8	7	2	9
6	8	7	9	1	2	5	3	4
8	3	9	4	5	1	6	7	2
1	4	2	3	7	6	9	8	5
5	7	6	8	2	9	3	4	1

97

4	5	9	1	6	7	8	3	2
8	3	2	4	5	9	6	1	7
1	7	6	8	3	2	9	4	5
5	1	8	6	4	3	7	2	9
3	2	7	9	8	1	4	5	6
9	6	4	2	7	5	3	8	1
7	9	1	3	2	8	5	6	4
2	4	3	5	9	6	1	7	8
6	8	5	7	1	4	2	9	3

98

8	1	9	5	4	2	7	6	3
6	7	2	3	1	8	4	9	5
5	3	4	9	6	7	8	2	1
1	8	5	2	7	9	6	3	4
2	4	3	8	5	6	9	1	7
9	6	7	1	3	4	2	5	8
3	9	8	4	2	1	5	7	6
4	5	6	7	9	3	1	8	2
7	2	1	6	8	5	3	4	9

99

2	5	1	3	6	9	4	7	8
9	6	8	2	7	4	5	1	3
3	7	4	1	8	5	2	9	6
6	8	5	9	2	7	3	4	1
7	3	9	6	4	1	8	2	5
4	1	2	8	5	3	9	6	7
5	4	3	7	9	6	1	8	2
8	9	6	5	1	2	7	3	4
1	2	7	4	3	8	6	5	9

100

1	4	9	6	2	5	3	7	8
5	6	3	7	8	4	1	2	9
2	8	7	3	9	1	4	6	5
4	2	6	9	1	8	7	5	3
7	5	1	2	4	3	9	8	6
3	9	8	5	6	7	2	1	4
9	1	4	8	5	2	6	3	7
8	3	2	4	7	6	5	9	1
6	7	5	1	3	9	8	4	2

101

9	5	7	8	2	6	3	1	4
1	2	3	9	5	4	6	8	7
8	6	4	7	3	1	5	2	9
7	1	9	5	4	3	2	6	8
5	8	6	2	1	9	4	7	3
3	4	2	6	8	7	9	5	1
2	3	5	1	9	8	7	4	6
6	9	8	4	7	2	1	3	5
4	7	1	3	6	5	8	9	2

102

3	1	5	2	9	4	8	6	7
6	9	8	7	3	1	2	4	5
2	4	7	5	6	8	3	9	1
4	7	2	1	8	3	6	5	9
9	8	3	6	7	5	1	2	4
1	5	6	9	4	2	7	8	3
7	6	1	8	5	9	4	3	2
5	2	4	3	1	6	9	7	8
8	3	9	4	2	7	5	1	6

103

8	2	1	6	7	3	9	4	5
4	5	6	9	2	1	8	3	7
9	3	7	5	4	8	1	2	6
1	6	9	2	3	5	4	7	8
3	7	4	1	8	9	6	5	2
2	8	5	7	6	4	3	1	9
7	4	2	8	1	6	5	9	3
5	1	8	3	9	7	2	6	4
6	9	3	4	5	2	7	8	1

104

7	8	1	3	9	4	6	5	2
5	3	9	2	1	6	7	4	8
6	2	4	7	8	5	9	1	3
9	1	6	8	2	3	5	7	4
4	7	2	9	5	1	3	8	6
3	5	8	6	4	7	2	9	1
2	4	7	5	3	8	1	6	9
8	6	3	1	7	9	4	2	5
1	9	5	4	6	2	8	3	7

105

1	3	8	7	4	6	5	9	2
9	5	6	2	8	3	4	7	1
2	4	7	1	9	5	8	3	6
3	2	5	9	6	7	1	4	8
6	8	1	3	5	4	9	2	7
4	7	9	8	2	1	3	6	5
7	9	3	6	1	8	2	5	4
5	1	2	4	7	9	6	8	3
8	6	4	5	3	2	7	1	9

106

5	9	8	4	7	3	2	6	1
2	4	3	1	9	6	5	8	7
1	6	7	2	8	5	3	4	9
4	7	9	5	2	1	8	3	6
3	8	1	9	6	4	7	2	5
6	5	2	7	3	8	1	9	4
9	1	5	3	4	2	6	7	8
7	3	6	8	1	9	4	5	2
8	2	4	6	5	7	9	1	3

107

8	6	2	1	7	4	3	9	5
5	3	9	6	2	8	4	7	1
7	4	1	9	5	3	8	6	2
1	2	6	3	9	7	5	4	8
9	5	8	2	4	1	7	3	6
4	7	3	5	8	6	2	1	9
6	9	7	8	3	5	1	2	4
3	1	5	4	6	2	9	8	7
2	8	4	7	1	9	6	5	3

108

6	1	3	5	4	9	8	2	7
4	5	7	6	2	8	3	1	9
8	9	2	1	7	3	5	6	4
9	2	5	4	3	1	6	7	8
1	4	6	8	5	7	2	9	3
7	3	8	9	6	2	1	4	5
5	7	9	2	8	6	4	3	1
2	8	1	3	9	4	7	5	6
3	6	4	7	1	5	9	8	2

109

1	4	8	6	3	2	9	5	7
7	6	3	5	9	1	8	4	2
5	9	2	8	4	7	1	6	3
9	2	5	3	1	8	6	7	4
6	8	4	2	7	5	3	1	9
3	7	1	9	6	4	2	8	5
4	5	9	1	2	6	7	3	8
8	3	6	7	5	9	4	2	1
2	1	7	4	8	3	5	9	6

110

4	5	9	1	6	7	8	3	2
8	3	2	4	5	9	6	1	7
1	7	6	8	3	2	9	4	5
5	1	8	6	4	3	7	2	9
3	2	7	9	8	1	4	5	6
9	6	4	2	7	5	3	8	1
7	9	1	3	2	8	5	6	4
2	4	3	5	9	6	1	7	8
6	8	5	7	1	4	2	9	3

111

3	9	8	1	6	2	5	7	4
1	6	7	5	3	4	9	8	2
4	5	2	7	9	8	3	1	6
8	3	6	4	1	9	2	5	7
7	4	5	2	8	6	1	9	3
2	1	9	3	7	5	4	6	8
5	8	4	9	2	7	6	3	1
6	2	3	8	5	1	7	4	9
9	7	1	6	4	3	8	2	5

112

2	8	9	5	6	3	7	4	1
4	5	6	7	2	1	9	8	3
1	7	3	8	9	4	5	2	6
6	4	7	1	8	5	2	3	9
8	1	2	3	7	9	4	6	5
9	3	5	6	4	2	8	1	7
5	2	1	9	3	8	6	7	4
7	9	8	4	1	6	3	5	2
3	6	4	2	5	7	1	9	8

113

7	2	3	4	6	9	1	8	5
4	8	6	3	5	1	2	7	9
9	5	1	2	7	8	3	4	6
8	3	5	6	9	2	7	1	4
1	6	7	8	4	5	9	2	3
2	4	9	1	3	7	5	6	8
6	1	2	5	8	3	4	9	7
5	9	4	7	1	6	8	3	2
3	7	8	9	2	4	6	5	1

114

4	5	7	1	2	3	6	8	9
6	8	3	4	9	7	1	5	2
2	9	1	5	8	6	7	4	3
8	7	2	6	1	4	9	3	5
3	1	9	7	5	2	4	6	8
5	4	6	8	3	9	2	7	1
9	2	4	3	6	8	5	1	7
7	3	5	9	4	1	8	2	6
1	6	8	2	7	5	3	9	4

115

9	7	5	2	1	6	4	8	3
2	8	4	9	7	3	1	6	5
3	6	1	4	5	8	9	2	7
1	2	6	3	4	7	5	9	8
5	9	3	6	8	1	2	7	4
8	4	7	5	2	9	3	1	6
7	3	9	1	6	5	8	4	2
6	5	2	8	9	4	7	3	1
4	1	8	7	3	2	6	5	9

116

4	5	8	7	9	6	2	3	1
6	2	7	3	8	1	4	5	9
9	3	1	4	5	2	7	6	8
7	8	6	9	2	4	3	1	5
3	4	5	1	7	8	6	9	2
2	1	9	6	3	5	8	7	4
1	9	3	8	4	7	5	2	6
8	6	2	5	1	3	9	4	7
5	7	4	2	6	9	1	8	3

117

9	4	6	7	1	3	2	5	8
3	1	7	2	8	5	6	9	4
8	5	2	6	4	9	1	7	3
4	7	1	8	5	6	3	2	9
5	2	3	1	9	7	8	4	6
6	8	9	3	2	4	7	1	5
7	9	8	4	6	2	5	3	1
1	3	4	5	7	8	9	6	2
2	6	5	9	3	1	4	8	7

118

4	1	2	3	9	6	8	7	5
6	5	8	2	4	7	3	1	9
7	3	9	5	1	8	2	6	4
3	9	7	4	8	1	5	2	6
1	2	5	6	3	9	4	8	7
8	4	6	7	2	5	1	9	3
5	8	3	9	6	2	7	4	1
9	7	1	8	5	4	6	3	2
2	6	4	1	7	3	9	5	8

119

5	4	9	7	2	6	3	1	8
6	8	3	1	5	9	7	4	2
7	2	1	4	8	3	6	9	5
3	6	4	9	1	5	8	2	7
2	7	5	6	4	8	9	3	1
1	9	8	3	7	2	4	5	6
4	5	6	8	9	1	2	7	3
9	3	2	5	6	7	1	8	4
8	1	7	2	3	4	5	6	9

120

5	3	1	9	6	7	2	4	8
8	6	4	5	3	2	1	7	9
2	7	9	4	1	8	6	3	5
7	1	6	2	5	9	3	8	4
9	8	2	7	4	3	5	6	1
4	5	3	6	8	1	7	9	2
1	4	5	8	7	6	9	2	3
3	9	7	1	2	4	8	5	6
6	2	8	3	9	5	4	1	7

121

1	8	6	4	5	2	7	9	3
4	2	7	9	3	8	6	1	5
5	9	3	7	6	1	2	8	4
2	7	5	1	4	3	8	6	9
6	1	8	2	9	5	4	3	7
9	3	4	6	8	7	5	2	1
3	5	2	8	1	4	9	7	6
8	4	9	3	7	6	1	5	2
7	6	1	5	2	9	3	4	8

122

8	6	9	2	4	5	1	7	3
1	3	4	8	6	7	5	9	2
5	7	2	3	9	1	4	8	6
2	4	7	5	8	6	3	1	9
3	8	1	4	2	9	6	5	7
6	9	5	7	1	3	2	4	8
4	2	6	1	7	8	9	3	5
9	5	8	6	3	4	7	2	1
7	1	3	9	5	2	8	6	4

123

2	8	4	6	1	9	3	5	7
1	6	5	4	7	3	2	8	9
3	9	7	5	2	8	6	4	1
9	3	8	1	6	5	4	7	2
4	5	1	2	8	7	9	6	3
6	7	2	3	9	4	5	1	8
7	1	3	9	4	6	8	2	5
5	2	6	8	3	1	7	9	4
8	4	9	7	5	2	1	3	6

124

4	6	3	1	7	8	9	5	2
1	2	8	6	5	9	3	4	7
7	9	5	3	4	2	8	6	1
5	4	2	8	9	7	1	3	6
9	7	6	4	1	3	2	8	5
3	8	1	5	2	6	4	7	9
6	3	7	9	8	1	5	2	4
8	5	9	2	6	4	7	1	3
2	1	4	7	3	5	6	9	8

125

9	2	7	1	6	4	8	3	5
6	3	8	5	2	7	4	9	1
5	4	1	8	3	9	2	7	6
2	1	3	6	4	5	9	8	7
7	5	4	9	8	1	6	2	3
8	9	6	2	7	3	1	5	4
4	8	9	7	5	6	3	1	2
1	6	5	3	9	2	7	4	8
3	7	2	4	1	8	5	6	9

126

8	6	7	3	4	2	1	5	9
1	5	4	7	9	8	3	6	2
2	9	3	1	6	5	4	7	8
3	8	2	6	7	4	9	1	5
9	7	5	2	1	3	8	4	6
4	1	6	8	5	9	7	2	3
6	3	1	5	8	7	2	9	4
5	2	9	4	3	1	6	8	7
7	4	8	9	2	6	5	3	1

127

9	2	3	6	4	1	5	8	7
6	1	4	7	8	5	3	2	9
7	8	5	2	9	3	1	6	4
1	4	9	5	3	2	8	7	6
5	7	6	9	1	8	4	3	2
8	3	2	4	6	7	9	1	5
3	5	7	8	2	9	6	4	1
2	6	8	1	5	4	7	9	3
4	9	1	3	7	6	2	5	8

128

6	2	8	9	4	7	1	5	3
7	5	9	3	8	1	6	2	4
4	1	3	6	2	5	8	9	7
5	6	4	7	1	9	3	8	2
9	8	7	2	6	3	4	1	5
2	3	1	4	5	8	9	7	6
8	9	6	5	7	4	2	3	1
1	4	5	8	3	2	7	6	9
3	7	2	1	9	6	5	4	8

129

3	4	6	8	5	1	7	2	9
5	9	1	7	3	2	4	6	8
2	8	7	6	9	4	1	5	3
8	3	9	5	1	6	2	7	4
1	7	2	4	8	9	5	3	6
6	5	4	3	2	7	9	8	1
4	1	8	2	7	3	6	9	5
7	6	5	9	4	8	3	1	2
9	2	3	1	6	5	8	4	7

130

7	5	9	6	1	8	3	4	2
6	2	1	4	3	9	5	7	8
8	3	4	2	5	7	9	6	1
4	9	8	3	2	6	1	5	7
3	7	5	1	8	4	6	2	9
1	6	2	9	7	5	8	3	4
2	8	6	5	4	1	7	9	3
9	4	7	8	6	3	2	1	5
5	1	3	7	9	2	4	8	6

131

1	3	8	7	4	9	2	6	5
5	2	7	8	1	6	3	9	4
9	6	4	2	3	5	1	8	7
7	5	6	1	9	4	8	2	3
3	8	2	5	6	7	4	1	9
4	1	9	3	8	2	5	7	6
2	9	1	6	5	3	7	4	8
8	4	3	9	7	1	6	5	2
6	7	5	4	2	8	9	3	1

132

8	3	9	6	1	2	5	7	4
5	4	1	7	3	9	8	2	6
2	7	6	4	8	5	9	3	1
9	1	7	3	2	8	6	4	5
4	8	2	1	5	6	3	9	7
6	5	3	9	7	4	2	1	8
1	6	5	2	9	7	4	8	3
3	9	8	5	4	1	7	6	2
7	2	4	8	6	3	1	5	9

133

7	5	8	6	3	2	1	9	4
2	4	1	5	7	9	8	3	6
9	3	6	4	8	1	5	7	2
6	2	3	9	5	7	4	8	1
5	9	4	2	1	8	7	6	3
8	1	7	3	4	6	9	2	5
3	8	9	1	2	5	6	4	7
1	7	2	8	6	4	3	5	9
4	6	5	7	9	3	2	1	8

134

7	2	5	4	9	3	6	8	1
9	6	3	5	1	8	4	7	2
8	4	1	2	7	6	3	5	9
3	9	2	7	4	1	5	6	8
4	1	6	8	5	2	9	3	7
5	7	8	3	6	9	1	2	4
2	5	9	6	8	4	7	1	3
6	3	4	1	2	7	8	9	5
1	8	7	9	3	5	2	4	6

135

6	2	1	3	5	7	8	4	9
3	8	5	4	9	1	2	7	6
7	9	4	6	2	8	1	5	3
1	5	9	7	4	3	6	8	2
2	6	3	9	8	5	7	1	4
4	7	8	2	1	6	9	3	5
9	1	6	8	3	4	5	2	7
5	4	7	1	6	2	3	9	8
8	3	2	5	7	9	4	6	1

136

9	5	4	6	3	7	1	2	8
1	7	8	2	4	9	6	3	5
6	3	2	8	1	5	4	7	9
5	2	9	4	8	1	3	6	7
8	6	1	3	7	2	9	5	4
3	4	7	9	5	6	8	1	2
2	1	6	7	9	4	5	8	3
4	8	5	1	2	3	7	9	6
7	9	3	5	6	8	2	4	1

137

6	9	4	1	7	8	2	5	3
5	7	1	3	2	4	8	6	9
2	3	8	9	5	6	1	7	4
4	2	6	8	1	5	9	3	7
1	5	9	7	4	3	6	8	2
3	8	7	2	6	9	5	4	1
7	4	2	6	8	1	3	9	5
8	1	3	5	9	7	4	2	6
9	6	5	4	3	2	7	1	8

138

6	8	7	1	4	3	9	2	5
3	9	5	7	6	2	4	8	1
1	4	2	5	8	9	3	6	7
5	1	4	8	9	6	7	3	2
2	6	8	3	7	5	1	9	4
9	7	3	4	2	1	6	5	8
8	2	1	6	3	4	5	7	9
7	5	6	9	1	8	2	4	3
4	3	9	2	5	7	8	1	6

139

1	2	3	4	9	6	7	8	5
6	5	7	1	3	8	2	9	4
9	4	8	2	7	5	6	3	1
7	6	1	8	4	2	3	5	9
2	3	4	7	5	9	8	1	6
8	9	5	3	6	1	4	7	2
5	7	6	9	2	3	1	4	8
4	1	2	5	8	7	9	6	3
3	8	9	6	1	4	5	2	7

140

7	8	3	4	2	1	6	5	9
1	6	5	9	7	3	8	2	4
9	2	4	5	8	6	1	7	3
3	5	9	1	4	2	7	6	8
4	7	8	6	3	5	2	9	1
2	1	6	8	9	7	3	4	5
5	3	1	2	6	4	9	8	7
8	4	2	7	1	9	5	3	6
6	9	7	3	5	8	4	1	2

141

2	5	3	6	8	9	4	7	1
8	7	6	1	3	4	5	9	2
4	1	9	2	5	7	8	6	3
1	9	8	3	6	2	7	4	5
7	4	5	8	9	1	3	2	6
3	6	2	7	4	5	1	8	9
5	2	7	4	1	6	9	3	8
9	8	4	5	2	3	6	1	7
6	3	1	9	7	8	2	5	4

142

8	1	5	4	3	9	7	2	6
3	9	7	2	8	6	1	5	4
6	4	2	7	5	1	8	9	3
2	3	1	5	9	4	6	8	7
7	6	9	8	2	3	4	1	5
4	5	8	6	1	7	2	3	9
9	2	4	3	7	8	5	6	1
5	7	3	1	6	2	9	4	8
1	8	6	9	4	5	3	7	2

143

6	1	5	7	2	4	3	8	9
4	2	3	9	8	1	5	7	6
8	9	7	6	3	5	2	4	1
3	4	9	2	1	7	6	5	8
5	7	6	3	4	8	1	9	2
1	8	2	5	6	9	4	3	7
7	3	1	8	5	6	9	2	4
2	6	8	4	9	3	7	1	5
9	5	4	1	7	2	8	6	3

144

9	6	3	8	4	1	5	2	7
1	8	5	3	7	2	6	9	4
4	7	2	9	5	6	1	8	3
5	4	9	6	1	8	3	7	2
6	2	8	4	3	7	9	1	5
3	1	7	2	9	5	4	6	8
7	3	4	1	2	9	8	5	6
2	9	6	5	8	4	7	3	1
8	5	1	7	6	3	2	4	9

145

1	7	2	3	4	5	8	6	9
9	6	3	7	1	8	5	4	2
8	4	5	9	6	2	1	3	7
2	1	6	5	7	3	4	9	8
7	8	4	1	9	6	3	2	5
5	3	9	8	2	4	7	1	6
3	2	7	6	8	1	9	5	4
4	9	1	2	5	7	6	8	3
6	5	8	4	3	9	2	7	1

146

4	1	2	5	9	3	8	6	7
7	8	9	1	6	4	2	5	3
3	5	6	7	8	2	9	4	1
6	3	1	9	2	7	5	8	4
9	2	5	8	4	1	7	3	6
8	7	4	3	5	6	1	9	2
1	4	8	2	3	9	6	7	5
5	6	7	4	1	8	3	2	9
2	9	3	6	7	5	4	1	8

147

5	6	4	8	3	9	1	2	7
8	2	9	6	7	1	4	5	3
1	7	3	2	4	5	8	6	9
2	9	6	4	1	8	3	7	5
3	1	7	5	9	2	6	4	8
4	8	5	7	6	3	2	9	1
7	3	2	1	5	4	9	8	6
6	4	1	9	8	7	5	3	2
9	5	8	3	2	6	7	1	4

148

8	6	4	1	9	3	5	7	2
5	2	7	6	8	4	9	1	3
1	3	9	5	2	7	8	4	6
9	7	8	2	3	1	6	5	4
6	1	2	9	4	5	7	3	8
3	4	5	7	6	8	1	2	9
2	5	6	3	7	9	4	8	1
4	9	1	8	5	2	3	6	7
7	8	3	4	1	6	2	9	5

149

3	9	1	7	5	6	4	8	2
6	5	7	8	2	4	1	3	9
4	8	2	9	1	3	7	6	5
1	7	6	5	3	9	2	4	8
5	3	8	4	7	2	6	9	1
9	2	4	1	6	8	3	5	7
8	6	5	2	4	7	9	1	3
7	4	9	3	8	1	5	2	6
2	1	3	6	9	5	8	7	4

150

8	2	5	1	7	4	9	3	6
4	1	6	5	9	3	2	8	7
7	9	3	8	2	6	5	1	4
3	7	2	4	1	8	6	5	9
5	6	8	9	3	7	1	4	2
9	4	1	2	6	5	8	7	3
2	8	4	7	5	9	3	6	1
1	3	7	6	8	2	4	9	5
6	5	9	3	4	1	7	2	8

151

2	7	8	4	6	3	1	5	9
3	6	9	2	1	5	8	7	4
5	4	1	9	7	8	3	2	6
6	9	3	1	4	2	7	8	5
7	1	5	6	8	9	2	4	3
4	8	2	3	5	7	9	6	1
8	5	6	7	9	1	4	3	2
1	3	7	5	2	4	6	9	8
9	2	4	8	3	6	5	1	7

152

6	3	2	5	8	4	9	1	7
1	8	7	6	9	3	5	4	2
5	4	9	7	2	1	6	8	3
3	9	8	4	1	6	2	7	5
2	5	1	3	7	8	4	6	9
4	7	6	9	5	2	8	3	1
9	1	4	2	6	7	3	5	8
8	2	3	1	4	5	7	9	6
7	6	5	8	3	9	1	2	4

153

9	4	3	6	2	8	1	5	7
2	5	7	3	1	4	6	9	8
8	6	1	5	9	7	4	3	2
1	8	2	4	3	5	7	6	9
5	9	4	7	6	2	8	1	3
3	7	6	9	8	1	5	2	4
6	1	8	2	7	9	3	4	5
7	2	5	1	4	3	9	8	6
4	3	9	8	5	6	2	7	1

154

6	9	3	1	5	7	2	8	4
5	8	4	9	3	2	1	6	7
7	2	1	4	6	8	9	5	3
8	1	2	5	9	3	4	7	6
9	4	6	7	8	1	5	3	2
3	5	7	2	4	6	8	1	9
1	7	5	3	2	4	6	9	8
4	6	9	8	7	5	3	2	1
2	3	8	6	1	9	7	4	5

155

4	5	7	2	9	1	6	3	8
3	2	8	4	7	6	5	9	1
9	6	1	8	5	3	4	2	7
2	8	4	7	1	5	3	6	9
7	1	6	3	4	9	2	8	5
5	9	3	6	2	8	1	7	4
1	3	2	9	8	4	7	5	6
6	4	9	5	3	7	8	1	2
8	7	5	1	6	2	9	4	3

156

3	5	7	2	9	6	1	8	4
9	2	6	1	4	8	3	5	7
1	4	8	5	7	3	2	9	6
2	6	4	7	8	5	9	1	3
7	1	5	4	3	9	8	6	2
8	9	3	6	1	2	4	7	5
4	7	2	8	5	1	6	3	9
6	3	1	9	2	7	5	4	8
5	8	9	3	6	4	7	2	1

157

3	4	9	5	6	7	1	2	8
7	1	5	8	4	2	3	9	6
2	6	8	9	1	3	4	7	5
5	2	6	1	3	9	7	8	4
8	9	4	7	2	5	6	1	3
1	3	7	6	8	4	9	5	2
4	7	3	2	9	8	5	6	1
6	5	2	3	7	1	8	4	9
9	8	1	4	5	6	2	3	7

158

6	1	4	2	7	8	9	5	3
2	7	5	4	3	9	1	6	8
3	9	8	6	1	5	4	2	7
4	2	1	8	6	3	5	7	9
7	3	6	9	5	1	2	8	4
8	5	9	7	4	2	3	1	6
5	4	7	1	9	6	8	3	2
9	8	3	5	2	7	6	4	1
1	6	2	3	8	4	7	9	5

159

5	3	1	9	2	7	4	6	8
8	9	4	5	6	1	3	2	7
6	2	7	3	4	8	9	5	1
9	1	8	2	7	3	5	4	6
7	4	3	1	5	6	2	8	9
2	5	6	4	8	9	1	7	3
3	6	5	8	9	2	7	1	4
1	8	2	7	3	4	6	9	5
4	7	9	6	1	5	8	3	2

160

8	3	1	2	5	9	4	7	6
5	2	6	7	1	4	9	8	3
9	7	4	3	6	8	1	5	2
2	8	5	9	3	1	7	6	4
4	1	9	6	2	7	5	3	8
3	6	7	4	8	5	2	1	9
6	9	2	1	7	3	8	4	5
7	5	3	8	4	2	6	9	1
1	4	8	5	9	6	3	2	7

161

7	9	2	4	8	3	5	6	1
4	1	5	7	6	9	2	3	8
6	8	3	1	5	2	7	9	4
8	7	6	9	1	5	4	2	3
2	5	1	8	3	4	9	7	6
9	3	4	6	2	7	1	8	5
1	6	7	2	4	8	3	5	9
5	2	8	3	9	1	6	4	7
3	4	9	5	7	6	8	1	2

162

1	2	4	7	3	9	8	6	5
9	5	8	1	4	6	7	3	2
3	6	7	5	2	8	9	4	1
5	9	3	8	6	4	2	1	7
2	7	6	3	1	5	4	9	8
4	8	1	9	7	2	3	5	6
8	1	9	4	5	7	6	2	3
7	3	2	6	9	1	5	8	4
6	4	5	2	8	3	1	7	9

163

5	9	3	2	4	8	6	1	7
1	4	8	6	7	3	5	2	9
6	2	7	5	1	9	3	4	8
4	8	2	1	9	6	7	5	3
9	7	1	3	2	5	8	6	4
3	5	6	7	8	4	2	9	1
2	1	9	8	6	7	4	3	5
7	6	5	4	3	1	9	8	2
8	3	4	9	5	2	1	7	6

164

9	3	4	1	8	6	5	2	7
2	5	6	4	7	3	1	8	9
1	8	7	9	5	2	4	6	3
8	7	3	2	1	5	9	4	6
6	1	9	8	3	4	7	5	2
5	4	2	7	6	9	8	3	1
7	6	8	5	2	1	3	9	4
4	2	5	3	9	7	6	1	8
3	9	1	6	4	8	2	7	5

165

4	3	7	2	8	1	9	6	5
5	1	6	7	9	3	4	2	8
9	2	8	4	5	6	7	3	1
6	4	2	5	3	7	1	8	9
8	9	3	6	1	4	5	7	2
7	5	1	8	2	9	3	4	6
1	6	4	9	7	2	8	5	3
2	8	9	3	4	5	6	1	7
3	7	5	1	6	8	2	9	4

166

1	7	8	3	6	2	5	9	4
9	3	4	7	1	5	6	8	2
2	5	6	8	9	4	1	7	3
8	2	3	5	4	1	9	6	7
5	9	1	6	2	7	4	3	8
4	6	7	9	3	8	2	1	5
3	8	2	1	5	6	7	4	9
6	4	9	2	7	3	8	5	1
7	1	5	4	8	9	3	2	6

167

7	2	6	4	1	9	8	5	3
9	8	5	6	7	3	1	4	2
3	4	1	8	2	5	7	9	6
6	5	3	2	8	7	9	1	4
8	9	7	1	3	4	2	6	5
2	1	4	9	5	6	3	8	7
4	7	8	5	9	2	6	3	1
5	3	9	7	6	1	4	2	8
1	6	2	3	4	8	5	7	9

168

9	4	3	1	6	7	8	5	2
6	1	7	8	2	5	9	3	4
5	8	2	9	4	3	7	1	6
3	5	9	7	1	2	6	4	8
4	7	6	3	5	8	2	9	1
1	2	8	6	9	4	3	7	5
7	6	4	2	3	1	5	8	9
8	9	5	4	7	6	1	2	3
2	3	1	5	8	9	4	6	7

169

2	4	6	7	9	8	1	3	5
1	5	3	6	2	4	7	9	8
7	8	9	1	5	3	4	2	6
5	9	7	2	3	6	8	4	1
3	6	8	5	4	1	9	7	2
4	1	2	8	7	9	6	5	3
9	7	1	3	6	2	5	8	4
6	3	5	4	8	7	2	1	9
8	2	4	9	1	5	3	6	7

170

7	2	4	8	6	1	3	5	9
8	3	9	5	4	2	6	7	1
1	5	6	3	9	7	8	2	4
5	9	7	6	1	3	4	8	2
3	8	2	4	5	9	1	6	7
4	6	1	7	2	8	9	3	5
6	7	5	9	3	4	2	1	8
9	1	3	2	8	5	7	4	6
2	4	8	1	7	6	5	9	3

171

7	3	6	4	2	5	9	8	1
1	8	5	9	3	6	2	4	7
4	2	9	1	8	7	3	6	5
5	1	2	3	7	4	8	9	6
6	7	4	5	9	8	1	3	2
8	9	3	2	6	1	7	5	4
2	6	7	8	5	9	4	1	3
9	5	1	7	4	3	6	2	8
3	4	8	6	1	2	5	7	9

172

8	7	6	5	4	1	2	9	3
4	2	3	9	6	7	1	5	8
1	9	5	3	2	8	4	6	7
9	3	4	2	8	6	7	1	5
2	8	7	1	3	5	9	4	6
6	5	1	7	9	4	8	3	2
5	6	8	4	7	9	3	2	1
3	1	9	8	5	2	6	7	4
7	4	2	6	1	3	5	8	9

173

3	4	5	8	2	6	9	1	7
9	1	8	3	5	7	6	2	4
7	2	6	4	1	9	8	5	3
4	9	1	6	7	5	3	8	2
6	3	7	2	8	4	5	9	1
8	5	2	1	9	3	7	4	6
2	6	9	5	3	1	4	7	8
5	8	4	7	6	2	1	3	9
1	7	3	9	4	8	2	6	5

174

1	9	3	2	4	7	5	6	8
2	8	6	9	1	5	7	4	3
4	5	7	8	6	3	1	9	2
9	7	4	5	2	6	3	8	1
8	1	5	4	3	9	6	2	7
3	6	2	7	8	1	4	5	9
5	3	8	1	9	4	2	7	6
6	4	9	3	7	2	8	1	5
7	2	1	6	5	8	9	3	4

175

5	3	6	7	2	1	8	9	4
7	2	4	5	8	9	1	6	3
8	9	1	6	4	3	7	2	5
9	1	5	2	7	8	4	3	6
3	4	7	1	5	6	2	8	9
2	6	8	3	9	4	5	7	1
1	7	2	9	6	5	3	4	8
6	8	3	4	1	2	9	5	7
4	5	9	8	3	7	6	1	2

176

3	2	6	8	9	5	4	1	7
9	8	7	2	1	4	6	5	3
5	1	4	6	3	7	8	2	9
2	3	8	9	7	6	5	4	1
6	4	1	3	5	8	9	7	2
7	9	5	1	4	2	3	8	6
1	5	2	4	6	9	7	3	8
8	7	9	5	2	3	1	6	4
4	6	3	7	8	1	2	9	5

177

8	4	7	3	2	6	1	5	9
5	9	1	7	4	8	3	6	2
3	2	6	9	1	5	8	4	7
6	5	4	1	3	2	9	7	8
1	8	2	5	7	9	6	3	4
7	3	9	6	8	4	2	1	5
4	7	3	8	9	1	5	2	6
2	6	8	4	5	3	7	9	1
9	1	5	2	6	7	4	8	3

178

7	2	6	3	9	8	5	4	1
1	5	9	7	6	4	3	8	2
8	3	4	5	1	2	9	7	6
5	4	2	8	3	9	6	1	7
6	7	8	1	2	5	4	3	9
3	9	1	6	4	7	2	5	8
9	6	7	4	8	3	1	2	5
2	8	3	9	5	1	7	6	4
4	1	5	2	7	6	8	9	3

179

4	8	1	6	5	3	9	7	2
5	6	2	8	9	7	4	3	1
3	9	7	2	4	1	6	8	5
2	4	3	1	8	6	7	5	9
7	1	9	5	2	4	3	6	8
6	5	8	3	7	9	2	1	4
1	7	4	9	6	8	5	2	3
8	2	6	4	3	5	1	9	7
9	3	5	7	1	2	8	4	6

180

2	9	6	7	3	5	4	1	8
4	5	8	2	9	1	7	6	3
1	3	7	6	8	4	9	2	5
6	1	5	3	4	2	8	7	9
3	7	2	8	1	9	6	5	4
9	8	4	5	7	6	2	3	1
8	2	9	1	6	3	5	4	7
5	4	1	9	2	7	3	8	6
7	6	3	4	5	8	1	9	2

181

5	2	1	6	9	3	7	8	4
9	8	6	4	7	1	3	5	2
3	7	4	8	5	2	1	6	9
7	5	3	2	6	9	8	4	1
4	1	2	7	3	8	5	9	6
8	6	9	1	4	5	2	3	7
1	4	5	9	8	7	6	2	3
6	3	7	5	2	4	9	1	8
2	9	8	3	1	6	4	7	5

182

8	1	2	6	4	3	5	9	7
7	4	3	8	9	5	1	6	2
9	6	5	1	2	7	8	4	3
2	7	8	5	1	6	9	3	4
1	3	4	7	8	9	6	2	5
6	5	9	2	3	4	7	8	1
4	2	1	9	5	8	3	7	6
5	8	7	3	6	2	4	1	9
3	9	6	4	7	1	2	5	8

183

8	3	5	4	6	9	1	2	7
1	2	6	5	7	3	4	8	9
7	4	9	1	2	8	6	5	3
2	5	3	7	4	6	8	9	1
6	7	1	8	9	2	5	3	4
4	9	8	3	5	1	2	7	6
3	6	4	2	8	7	9	1	5
5	8	7	9	1	4	3	6	2
9	1	2	6	3	5	7	4	8

184

4	5	7	2	8	9	3	1	6
6	1	9	4	7	3	2	5	8
3	2	8	1	5	6	9	7	4
5	9	4	8	2	1	6	3	7
8	7	1	3	6	5	4	2	9
2	3	6	9	4	7	5	8	1
7	6	2	5	9	8	1	4	3
1	8	5	6	3	4	7	9	2
9	4	3	7	1	2	8	6	5

185

4	6	1	5	3	9	8	7	2
7	9	5	2	8	6	3	4	1
2	3	8	4	7	1	5	6	9
8	4	9	1	6	7	2	3	5
5	2	6	8	4	3	9	1	7
1	7	3	9	5	2	6	8	4
3	1	2	7	9	8	4	5	6
6	5	7	3	2	4	1	9	8
9	8	4	6	1	5	7	2	3

186

1	9	4	6	7	5	8	3	2
6	8	5	4	3	2	1	9	7
2	7	3	9	8	1	6	5	4
9	6	7	1	4	8	5	2	3
4	5	8	3	2	7	9	1	6
3	2	1	5	6	9	4	7	8
8	1	2	7	9	6	3	4	5
7	4	9	8	5	3	2	6	1
5	3	6	2	1	4	7	8	9

187

3	5	8	2	7	9	6	1	4
6	1	4	5	8	3	2	9	7
7	9	2	6	4	1	3	5	8
4	8	3	1	9	7	5	6	2
2	6	9	4	3	5	8	7	1
5	7	1	8	2	6	4	3	9
8	3	5	7	1	2	9	4	6
9	2	7	3	6	4	1	8	5
1	4	6	9	5	8	7	2	3

188

2	5	7	3	6	1	9	8	4
4	3	1	7	9	8	2	6	5
8	6	9	5	4	2	1	7	3
9	1	5	8	3	6	7	4	2
3	2	4	9	7	5	8	1	6
7	8	6	2	1	4	5	3	9
1	9	3	4	5	7	6	2	8
5	7	8	6	2	3	4	9	1
6	4	2	1	8	9	3	5	7

189

7	1	2	9	3	8	6	4	5
6	4	3	5	2	7	1	8	9
9	5	8	4	6	1	7	2	3
5	6	7	8	1	4	9	3	2
2	3	4	7	9	6	8	5	1
8	9	1	2	5	3	4	7	6
4	2	6	3	7	9	5	1	8
1	7	5	6	8	2	3	9	4
3	8	9	1	4	5	2	6	7

190

3	6	9	8	2	7	5	4	1
7	1	4	6	9	5	3	2	8
2	5	8	3	4	1	6	9	7
1	4	5	2	7	8	9	3	6
6	9	7	5	3	4	8	1	2
8	2	3	9	1	6	7	5	4
5	3	6	1	8	2	4	7	9
4	8	2	7	5	9	1	6	3
9	7	1	4	6	3	2	8	5

191

1	9	5	6	4	8	7	2	3
8	3	7	9	5	2	1	4	6
4	2	6	1	7	3	8	5	9
3	7	4	5	2	6	9	1	8
9	6	8	7	1	4	5	3	2
5	1	2	8	3	9	4	6	7
6	8	3	4	9	5	2	7	1
7	5	9	2	6	1	3	8	4
2	4	1	3	8	7	6	9	5

192

5	3	9	7	8	4	1	6	2
8	6	2	1	9	5	4	7	3
4	7	1	6	2	3	8	9	5
1	4	3	5	7	8	6	2	9
2	8	7	9	3	6	5	1	4
9	5	6	2	4	1	3	8	7
7	1	8	3	5	9	2	4	6
3	2	4	8	6	7	9	5	1
6	9	5	4	1	2	7	3	8

193

8	7	1	2	6	3	5	4	9
3	2	5	1	9	4	8	6	7
4	6	9	8	7	5	2	3	1
7	5	4	3	2	9	1	8	6
6	8	3	4	1	7	9	2	5
9	1	2	6	5	8	4	7	3
1	4	7	5	8	6	3	9	2
2	3	6	9	4	1	7	5	8
5	9	8	7	3	2	6	1	4

194

3	4	5	2	7	1	6	9	8
6	1	7	9	8	3	2	4	5
8	9	2	5	6	4	1	3	7
4	2	8	7	1	5	9	6	3
5	3	1	6	2	9	8	7	4
9	7	6	4	3	8	5	1	2
1	5	4	8	9	7	3	2	6
2	8	9	3	4	6	7	5	1
7	6	3	1	5	2	4	8	9

195

2	8	1	9	3	6	7	5	4
3	7	5	2	1	4	6	8	9
9	6	4	7	5	8	3	1	2
4	1	6	8	7	2	9	3	5
7	9	8	3	6	5	2	4	1
5	3	2	4	9	1	8	6	7
8	5	7	6	4	9	1	2	3
6	4	9	1	2	3	5	7	8
1	2	3	5	8	7	4	9	6

196

6	2	3	4	1	5	7	9	8
7	4	9	8	3	6	1	5	2
8	1	5	9	7	2	3	4	6
9	7	6	1	5	8	4	2	3
3	5	1	7	2	4	8	6	9
4	8	2	3	6	9	5	1	7
1	6	8	5	9	3	2	7	4
5	9	4	2	8	7	6	3	1
2	3	7	6	4	1	9	8	5

197

8	5	7	4	6	2	1	3	9
1	3	2	8	9	5	7	6	4
4	6	9	1	3	7	8	5	2
5	9	6	2	7	3	4	8	1
2	7	4	5	1	8	6	9	3
3	8	1	9	4	6	2	7	5
7	4	5	6	2	9	3	1	8
9	1	3	7	8	4	5	2	6
6	2	8	3	5	1	9	4	7

198

6	2	3	7	4	5	1	8	9
1	9	7	8	3	6	2	4	5
5	8	4	2	9	1	6	3	7
4	7	1	6	2	8	9	5	3
8	5	2	3	1	9	4	7	6
3	6	9	5	7	4	8	1	2
7	3	6	1	8	2	5	9	4
9	1	5	4	6	3	7	2	8
2	4	8	9	5	7	3	6	1

199

2	9	4	8	1	6	5	3	7
7	8	6	3	4	5	2	9	1
1	5	3	9	7	2	4	8	6
3	4	5	7	9	8	6	1	2
8	2	1	6	5	3	9	7	4
6	7	9	1	2	4	3	5	8
4	3	7	2	8	9	1	6	5
9	1	2	5	6	7	8	4	3
5	6	8	4	3	1	7	2	9

200

4	7	5	9	6	2	3	8	1
2	8	3	7	1	5	6	4	9
1	9	6	4	8	3	5	2	7
7	3	9	8	4	6	2	1	5
5	6	2	1	3	9	8	7	4
8	1	4	5	2	7	9	6	3
3	4	8	2	9	1	7	5	6
9	5	1	6	7	8	4	3	2
6	2	7	3	5	4	1	9	8